Semiu Ibiyemi
Kamoru Kadiri

Um algoritmo modificado para a distribuição óptima de energia para ferramentas

Semiu Ibiyemi
Kamoru Kadiri

Um algoritmo modificado para a distribuição óptima de energia para ferramentas

ScienciaScripts

Imprint

Cover image: www.ingimage.com

This book is a translation from the original published under ISBN 978-3-330-33284-3.

Publisher:
Sciencia Scripts
is a trademark of
Dodo Books Indian Ocean Ltd. and OmniScriptum S.R.L publishing group

120 High Road, East Finchley, London, N2 9ED, United Kingdom
Str. Armeneasca 28/1, office 1, Chisinau MD-2012, Republic of Moldova, Europe
Managing Directors: Ieva Konstantinova, Victoria Ursu
info@omniscriptum.com

Printed at: see last page
ISBN: 978-620-8-41052-0

ÍNDICE DE CONTEÚDOS

UM ALGORITMO MODIFICADO PARA A DISTRIBUIÇÃO ÓPTIMA DE ELECTRICIDADE NA ZONA DE DISTRIBUIÇÃO DE MÁQUINAS-FERRAMENTAS DA NIGÉRIA

[123]Kadiri Kamoru Oluwatoyin, Ibiyemi Semiu Bukayo e Alabi A.O

[1,2]Federal Polytechnic Offa Nigéria, Departamento de Engenharia Eléctrica/Eletrónica

[3]Federal Polytechnic Offa Nigéria, Departamento de Engenharia Informática

Endereço de correio eletrónico correspondente Sbukayo6@gmail.com

Resumo

Este artigo apresenta uma melhoria do fator de potência para cargas indutivas numa fábrica de máquinas-ferramenta da Nigéria. Como a maioria das cargas eléctricas são indutivas, é utilizada alguma forma de correção do fator de potência para reduzir as perdas na distribuição e os custos de eletricidade, normalmente sob a forma de condensadores que absorvem a corrente reactiva principal para neutralizar tanto quanto possível a componente reactiva atrasada da corrente de carga. Para melhorar o fator de potência na indústria das máquinas-ferramentas, é necessário instalar condensadores de potência adequada o mais próximo possível da carga. Este artigo apresenta o caso de uma máquina de indução de uma fábrica que tem um fator de potência de 0,75 e cujo fator de potência pode ser melhorado para 0,928 ligando condensadores adequados em paralelo com os motores de indução.

Palavras-chave: fator de potência, fatura de eletricidade, perdas na distribuição, linha de transmissão, compensação, motores de indução, máquinas-ferramentas, cargas eléctricas, empresas de distribuição de energia.

Introdução

Uma das principais formas de melhorar a qualidade do fornecimento é melhorar o fator de potência. Um baixo fator de potência provoca fluxos de corrente reactiva desnecessários, conduzindo a sobreaquecimentos, perdas na rede de distribuição e, em última análise, a uma má eficiência eléctrica. Quanto mais baixo for o fator de potência, mais elevada é a potência aparente extraída da rede de distribuição e mais elevada é a fatura de eletricidade a pagar pelos consumidores. Isto significa que a empresa de eletricidade tem de aumentar a capacidade de produção e a dimensão dos cabos e linhas de transporte, e utilizar transformadores e outros dispositivos de maior dimensão na rede de distribuição que, de outro modo, não seriam necessários. Isto resulta em custos de investimento e de funcionamento muito mais elevados para a empresa de eletricidade, que são frequentemente transferidos para os consumidores sob a forma de tarifas mais elevadas. Uma das vantagens económicas da melhoria do fator de potência é a boa gestão do consumo da energia reactiva produzida. Na Europa, é geralmente aplicada uma estrutura tarifária para incentivar os consumidores a reduzir o seu consumo de energia reactiva. A instalação de dispositivos de compensação de energia reactiva nos consumidores de eletricidade permite reduzir a fatura de eletricidade dos consumidores, mantendo o consumo de energia reactiva abaixo de um valor acordado com a autoridade de distribuição de eletricidade.

Numa região onde a eletricidade é comercializada, o fornecimento de energia eléctrica está sujeito a uma forte concorrência entre empresas de distribuição. Os distribuidores privados de eletricidade esforçam-se por manter a qualidade do fornecimento aos consumidores a um nível elevado, mesmo que o seu principal objetivo seja gerir um negócio rentável e próspero. Esta concorrência entre os distribuidores privados de eletricidade cria muitas novas oportunidades para o fornecimento de eletricidade de alta qualidade. Esta é a principal razão pela qual a maioria dos fornecedores de eletricidade exige uma redução da carga reactiva nas suas redes através da melhoria do fator de potência. Em muitos casos, um fator de potência deficiente é penalizado por tarifas especiais para a eletricidade reactiva.

Por conseguinte, num sistema de alimentação eléctrica, as cargas lineares com um baixo fator de potência (por exemplo, motores de indução) podem ser corrigidas por uma rede passiva de condensadores ou indutores. As cargas não lineares, como os rectificadores, distorcem a corrente retirada da rede. Nestes casos, a correção ativa ou passiva do fator de potência pode ser utilizada para contrariar a distorção e aumentar o fator de potência. Os dispositivos de correção do fator de potência podem estar localizados numa subestação central, distribuídos por uma rede de distribuição ou integrados em aparelhos que consomem eletricidade [15].

O objetivo deste trabalho é reduzir a carga indutiva nas redes através da melhoria do fator de potência, a fim de facilitar o acesso dos consumidores às facturas de eletricidade, mantendo o consumo de energia reactiva abaixo de um nível acordado com a autoridade de distribuição de energia, identificar os motores que contribuem para um fator de potência indesejável e melhorar o fator de potência da instalação, a fim de evitar futuros encargos com o fator de potência. Para tal, os objectivos desta contribuição são os seguintes:

- Custos energéticos mais baixos para os consumidores
- Redução das perdas de transmissão e distribuição no sistema elétrico
- Qualidade e melhor regulação da tensão
- Aumento do trabalho efetivo para atingir a capacidade necessária.
- Redução da carga improdutiva no sistema

O trabalho científico destinado a melhorar o fator de desempenho abordou diferentes perspectivas e aspectos do projeto. Alguns desses trabalhos incluem [5], [6], [8], [12], [13]. No entanto, verificou-se que os estudos existentes não examinaram a comparação técnico-económica de diferentes métodos de melhoria do fator de potência em carga eléctrica. Por conseguinte, este artigo tem em conta este aspeto, a fim de preencher a lacuna existente, realizando um estudo sobre a melhoria do fator de potência numa fábrica de máquinas-ferramenta nigeriana, utilizando uma abordagem de avaliação comparativa.

Metodologia aplicada

O fator de potência é o rácio entre a potência ativa (P) e a potência aparente (S) e também pode ser definido como o ângulo de fase do cosseno. O fator de potência representa o ângulo de fase entre as formas de onda da corrente e da tensão. O fator de potência pode variar entre 0 e 1 e pode ser indutivo (atraso) ou capacitivo (avanço). Para reduzir um atraso indutivo, são adicionados condensadores até que o fator de potência seja igual a 1. Se as formas de onda da corrente e da tensão estiverem em fase, o fator de potência é 1 (cos (0°) = 1). O objetivo do fator de potência 1 é garantir que o circuito elétrico é puramente resistivo, ou seja, que a potência aparente é igual à potência ativa.
O fator de potência determina a eficiência com que as cargas eléctricas consomem eletricidade. Em princípio, existem três tipos de potência presentes na energia eléctrica. Segue-se um resumo dos três tipos de potência e do fator de potência que temos.

Potência aparente - A potência aparente é constituída por dois componentes: uma carga resistiva e uma carga indutiva. Por outras palavras, têm potência ativa e potência reactiva perpendiculares entre si. A relação entre estes dois tipos de carga dá a potência aparente, que é tanto maior quanto mais dispositivos indutivos forem adicionados ao circuito elétrico. $^{22\ 2}$A potência aparente é expressa em kilovoltamperes (KVA) e determinada matematicamente através da expressão KVA = KW + KVAR .

A expressão acima pode ser representada como um triângulo.

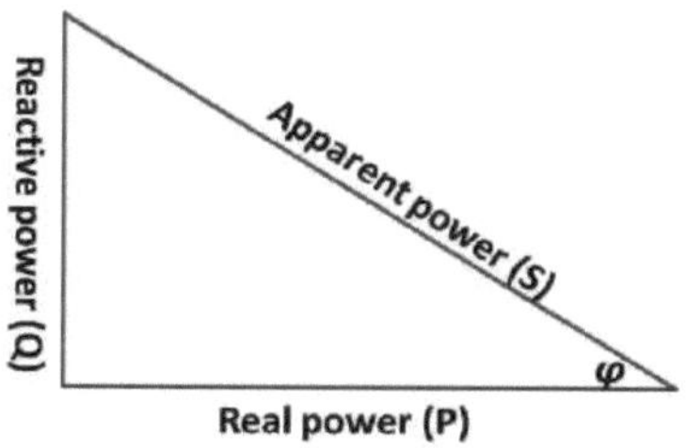

Figura 1: Representação de um triângulo de desempenho

[22]*De um ponto de vista matemático:* $S = P + Q^2$

Potência ativa - A potência ativa é a principal potência utilizada por todos os aparelhos eléctricos para aquecimento, iluminação, movimento e outras funções eléctricas. Estes tipos de cargas eléctricas que utilizam a potência ativa para o seu funcionamento são designados por cargas resistivas. A potência ativa é expressa em quilowatts (KW).

Potência reactiva - Os motores eléctricos, transformadores, compressores ou balastros, que são cargas indutivas, necessitam de potência reactiva para criar e manter um campo magnético necessário ao seu funcionamento. A potência reactiva é designada por potência não útil, porque é uma potência não desejada que não realiza uma operação específica, e é expressa em quilovolt-amperes-reativo (kVAR).

Muitas empresas podem melhorar os volumes de trabalho reduzindo a procura ou aumentando a eficiência da produção. A distribuição das cargas por diferentes períodos ou a instalação de sistemas de gestão da energia podem muitas vezes ajudar. Reduzir os picos de procura e estabilizá-la é muitas vezes uma forma rentável de maximizar a utilização de energia. O fator de potência pode ser melhorado para reduzir os custos de fornecimento de energia, reduzir o tamanho dos cabos, reduzir as perdas de transmissão nos cabos, reduzir a queda de tensão e aumentar a potência disponível.

A instalação de dispositivos de compensação de energia reactiva nos consumidores de eletricidade reduz a fatura de eletricidade do consumidor ao manter o consumo de energia reactiva abaixo de um valor acordado com a entidade distribuidora de eletricidade. Nesta tarifa, a energia reactiva é facturada de acordo com o critério tan **ϕ.**

$$tan\phi = \frac{Q(kvar)}{P(kW)}$$

O mesmo rácio é aplicado às energias, como mostra a seguinte equação

$$tan\phi = \frac{Q(kvarh)}{P(kWh)}$$

Ao contrário dos benefícios financeiros decorrentes da redução das facturas de eletricidade, os consumidores devem compensar os custos de instalação, manutenção e aquisição de equipamento de compensação de energia reactiva. Se forem necessários níveis de compensação escalonados, são também necessários equipamentos de comutação e dispositivos de controlo automático. É mais económico fornecer apenas uma compensação parcial, uma vez que uma compensação a 100% implica custos adicionais para uma parte da energia reactiva consumida.

Para os consumidores cuja fatura de eletricidade se baseia num preço fixo por kVA indicado pelo fornecedor e numa taxa por kWh consumido, é mais vantajoso reduzir o kVA indicado. O principal objetivo da melhoria do fator de potência é também reduzir o nível de carga indicado sem o ultrapassar, evitando assim o pagamento de um preço excessivo por kVA durante os períodos de excesso de consumo. Suponhamos que uma empresa industrial tem uma carga declarada de 122 kVA com um fator de potência de 0,7, ou seja, uma potência ativa de 85,4 kW. O contrato deste consumidor foi celebrado com base em valores escalonados de kVA declarados (em incrementos de 6 kVA até 108 kVA e em incrementos de 12 kVA acima deste valor, caraterística comum a muitos tipos de tarifa bipartida). Neste caso, foi facturado ao consumidor um valor de 132 kVA.

De acordo com a DTE Energy Company (2005), as tarifas de eletricidade prevêem penalizações de 1 a 3 por cento se o fator de potência se situar entre 85 e 70 por cento. Não são permitidos factores de potência inferiores a 70 por cento e os clientes são obrigados a instalar o equipamento de correção necessário para melhorar o fator de potência acima deste valor. Enquanto as correcções não forem feitas, será aplicada uma penalização de 25% a cada fatura após dois meses consecutivos de fator de potência inferior a 70% e enquanto o fator de potência se mantiver abaixo deste valor.

Abaixo estão exemplos do impacto do fator de potência nas contas mensais de eletricidade dos clientes da DTE Energy Company.

Tabela 1: *Penalização do fator de potência para clientes de média dimensão*

% Power Factor Penalty	1%	2%	3%
Monthly Electric Bill	$17,500	$17,500	$17,500
Monthly Power Factor Penalty	$175	$350	$525
Estimated Cost to Correct	$5,500	$6,875	$8,800
Simple Payback (months)	31	20	17

Tabela 2: *Desvantagem do fator de potência para grandes clientes*

% Power Factor Penalty	1%	2%	3%
Monthly Electric Bill	$100,000	$100,000	$100,000
Monthly Power Factor Penalty	$1,000	$2,000	$3,000
Estimated Cost to Correct	$6,875	$9,075	$11,000
Simple Payback (months)	7	5	4

As perdas nos cabos são determinadas pelo tamanho do cabo. Quanto mais grosso for o cabo, menor será a redução das perdas na distribuição. Estas perdas são proporcionais ao quadrado do fluxo de corrente no sistema de distribuição e são medidas pelo contador de kWh de uma instalação. Por exemplo, se a corrente total num condutor for reduzida em 10%, as perdas serão reduzidas em quase 20%. A Tabela 3 abaixo mostra o aumento do tamanho do cabo necessário quando o fator de potência é reduzido de 1 para 0,4 para a mesma potência ativa transmitida.

***Tabela 3**: Fator de multiplicação para o tamanho do cabo em função de cos ф*

Cross-sectional area	*1*	*1.25*	*1.67*
Cos φ	*1*	*0.8*	*0.6*

A corrente reactiva que circula na rede de distribuição provoca perdas na distribuição devido a um fraco fator de potência, conhecidas como perdas de redução. As perdas de redução são custos por watt e podem ser eliminadas através da correção do fator de potência. As perdas de redução em watts numa rede de distribuição são calculadas da seguinte forma

$$\% \text{ reduction losses} = (1 - (\frac{PF1}{PF2})^2)$$

Onde

$PF1$ = fator de potência inicial

$PF2$ = novo fator de potência

Quando o fator de potência de uma instalação é baixo, a corrente total da linha aumenta, resultando numa queda de tensão. Quanto maior for o excesso de fluxo de corrente na rede de distribuição, menor será a queda de tensão. Isto leva ao sobreaquecimento dos motores e a um comportamento inerte. Ao instalar dispositivos de correção do fator de potência, tais como condensadores no sistema, a queda de tensão pode ser melhorada, resultando num desempenho mais eficiente do motor e numa vida útil mais longa.

Algumas cargas contribuem para um fraco fator de potência, nomeadamente motores ou transformadores pouco carregados ou sobredimensionados, a maioria dos trabalhos de soldadura e alguns balastros de lâmpadas fluorescentes. Melhorar o fator de potência de uma carga alimentada por um transformador reduz o fluxo de corrente através do transformador, permitindo a ligação de cargas adicionais ao circuito. Na prática, o custo de substituir o transformador por uma unidade mais potente pode ser superior ao custo de melhorar o fator de potência.

Métodos para melhorar o fator de desempenho

A forma como o fator de potência pode ser melhorado depende principalmente de considerações operacionais específicas. Em muitos casos, as cargas eléctricas, como os motores de indução ou os transformadores, podem ser ajustadas aos requisitos do trabalho a realizar, mas a eficiência das cargas eléctricas pode ser melhorada através da melhoria do fator de potência. Para conseguir uma gestão eficiente da energia e colher os benefícios da melhoria do fator de potência para uma determinada carga, faz mais sentido evitar períodos de inatividade do motor ou "sem carga". Em condições ideais, quando uma carga eléctrica é de natureza puramente resistiva, a corrente e a tensão estão ambas em fase e o fator de potência tem o seu valor máximo, que é 100%. Este não é o caso das cargas capacitivas e indutivas, como os motores de indução ou os transformadores. Aqui, o fator de potência é inferior a 100%, geralmente entre 70 e 90%. A consequência de um baixo fator de potência é que uma grande quantidade de corrente flui através das linhas de distribuição eléctrica para fornecer os quilowatts necessários a uma carga eléctrica.

I. CAPACIDADES

A forma mais simples de melhorar o fator de potência ou neutralizar a potência reactiva numa instalação é ligar condensadores de compensação de potência reactiva em paralelo com o sistema elétrico. Os condensadores de compensação de potência reactiva actuam como geradores de corrente de polarização e melhoram o fator de potência gerando uma corrente de polarização e neutralizando parcial ou totalmente a potência reactiva consumida pelas cargas indutivas. Isto significa que o condensador de compensação de potência reactiva reduziu parcial ou totalmente o ângulo de fase entre a tensão e a corrente para atingir a unidade. A maior parte dos motores industriais são indutivos por natureza e necessitam de uma grande quantidade de potência reactiva principal para funcionar. Esta potência reactiva principal é fornecida por um condensador ou banco de condensadores, que estão ligados em paralelo à carga. Os condensadores actuam como uma fonte de potência reactiva local a montante, evitando assim que uma grande quantidade de potência reactiva a jusante circule na linha. Em suma, reduzem a diferença de fase entre a tensão e a corrente. Para determinar o tipo de condensador necessário para uma instalação, é tida em conta a potência nominal. A potência do condensador é medida em KVAR e indica a potência reactiva inicial que o condensador pode fornecer. Como a potência reactiva a montante fornecida pelo condensador neutraliza a potência reactiva a jusante causada pela carga indutiva, cada KVAR de capacidade do condensador reduz a potência reactiva líquida necessária.

Os condensadores podem ser instalados em qualquer ponto de uma instalação eléctrica. No entanto, estão geralmente ligados a qualquer dispositivo indutivo e são normalmente disparados com o dispositivo de ataque (motores de indução) ou instalados a montante de grupos de motores de indução. Podem também ser instalados a montante de unidades de controlo de motores, quadros de distribuição ou em linhas principais. Os condensadores melhoram o fator de potência entre o local de aplicação e a fonte de corrente, mas o fator de potência entre a carga e o condensador permanece inalterado. Em circunstâncias normais, o condensador de compensação de potência reactiva permanece sempre ligado quando a instalação indutiva é ligada. A ligação de um condensador pode causar uma sobretensão no sistema. Se ocorrer um problema devido a uma sobretensão, a alteração da velocidade dos motores na altura em que o problema ocorreu irá pará-los automaticamente, o que pode resultar numa sequência de comandos de comutação. Os condensadores defeituosos ou as correntes harmónicas são também um problema que pode provocar o disparo de fusíveis no circuito elétrico.

É necessário ter em conta a escolha dos condensadores adequados para uma determinada instalação. A interação entre os condensadores de fator de potência e o equipamento especial, como os variadores de velocidade, exige um sistema bem concebido. Uma capacidade de condensador demasiado elevada pode causar problemas, pelo que a escolha dos condensadores é extremamente importante. Uma vez decididos os benefícios da compensação de potência reactiva numa instalação industrial, é necessário escolher a capacitância nominal correta, o tipo, tamanho e número de condensadores mais adequados à instalação. Existem quatro tipos básicos de condensadores necessários para melhorar o fator de potência nas instalações: condensadores estáticos ou fixos em cargas lineares ou sinusoidais, condensadores individuais, grupos de condensadores fixos ou condensadores comutados automaticamente na alimentação ou na subestação e condensadores comutados.

Condensador estático ou fixo: a disposição do condensador estático consiste em ligar um ou mais condensadores para criar um nível de compensação constante. Este arranjo pode ser controlado manualmente por um disjuntor ou interrutor-seccionador. Pode também ser controlado de forma semi-automática através de um contactor e de uma ligação direta a um dispositivo comutado.

Em situações em que a compensação individual seria demasiado dispendiosa e o nível de carga é razoavelmente constante, considera-se a ligação de condensadores. Estes condensadores podem ser ligados aos terminais de cargas indutivas, como motores ou transformadores, ou aos barramentos que fornecem energia a pequenos motores e dispositivos indutivos.

Figura 2: Exemplo de condensadores de compensação de valor fixo

Baterias de condensadores: O requisito fundamental para que as baterias de condensadores melhorem o fator de potência numa instalação é atuar como uma fonte de energia reactiva. Esta disposição é utilizada para compensar a energia reactiva. No caso de uma carga indutiva com um baixo fator de potência, é necessário que a carga indutiva e os sistemas de transmissão ou distribuição suprimam a corrente reactiva em atraso. °Isto significa que a corrente está atrasada em relação à tensão em 90 , resultando em perdas de potência correspondentes e quedas de tensão excessivas. Quando um banco de condensadores shunt é ligado em paralelo com a carga, é gerada uma corrente reactiva principal que segue o mesmo caminho na rede eléctrica que a corrente reactiva retardada da carga indutiva. Esta corrente capacitiva de avanço (IC) e a corrente indutiva de atraso (IL) estão em fase uma com a outra. Estas duas correntes, que circulam no mesmo sentido, neutralizam-se mutuamente, pelo que não circula qualquer corrente reactiva no sistema, ou seja, IC = IL = 0. Esta situação é ilustrada nas **Figuras 3 (a), (b)** e **(c)** abaixo.

As ilustrações mostram apenas as direcções do fluxo dos componentes da corrente reactiva. R representa os componentes de potência ativa da carga, L os componentes de potência reactiva indutiva da carga e C os componentes de potência reactiva capacitiva do sistema de compensação de potência reactiva, ou seja, a bateria de condensadores.

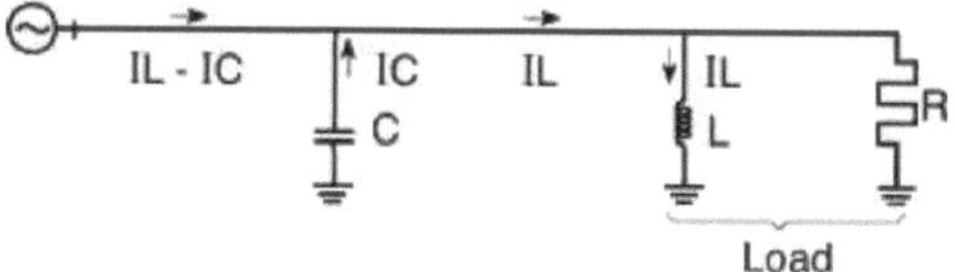

(a) Apenas componentes reactivos - modelos de fluxo

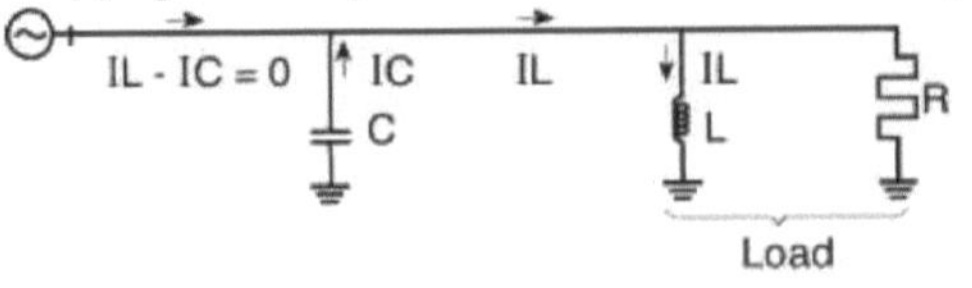

(b) *Se IC = IL, toda a potência reactiva é fornecida pela bateria de condensadores.*

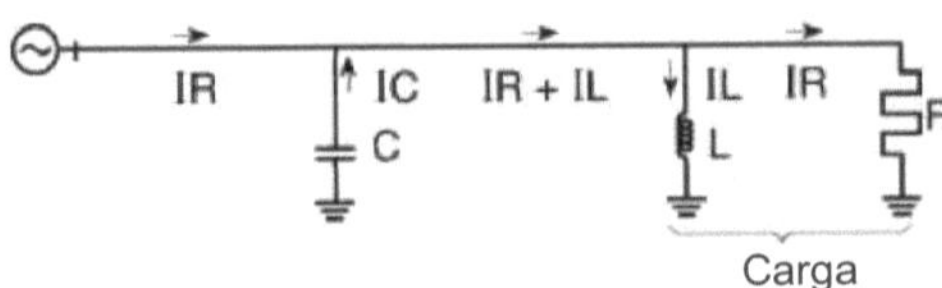

*(c) Com corrente de carga no caso **(b)***

Figure 3 *(a), (b), (c) : Apresentação das principais caraterísticas da correção do fator de potência*

Na Figura 3**(b)** acima, parece que toda a corrente reactiva da carga é fornecida por bancos de condensadores C. Este tipo de condensador é por vezes referido como o gerador principal de VAR.

Na Figura 3**(c)** acima, a componente de potência ativa IR foi ligada em paralelo e pode ver-se que ocorreu uma compensação total, ou seja, o fator de potência foi fixado em 1, porque IR e IC se encontram e se neutralizam mutuamente.

Figure 4 A figura seguinte mostra o diagrama de fase de potência que ilustra o princípio da compensação através da redução de uma grande potência reactiva Q para um valor menor Q' utilizando uma bateria de condensadores com potência reactiva Qc. Isto reduz a potência aparente S para S'. Qc pode ser calculado utilizando a seguinte fórmula, que pode ser derivada da Figura 3:

Qc=P. (tan(ϕ)-tan(ϕ'))

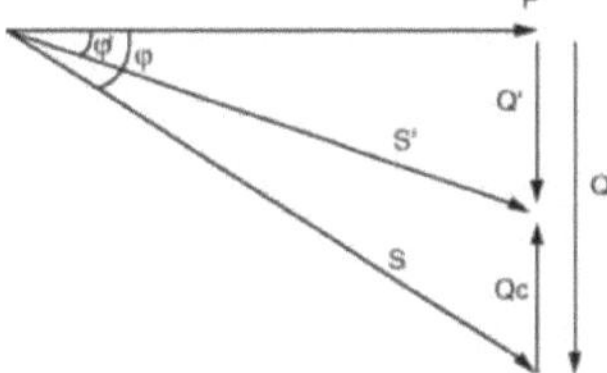

***Figura 4:** Diagrama que mostra o princípio de compensação: Qc = P (tan ф - tan ф)*

-1°Por exemplo, se um motor de indução de 100 kW funcionar com um fator de potência de 0,75, ou seja, cos ф= 0,75, então ф=cos 0,75, o valor do ângulo de fase ф é 41,41 . O valor do ângulo tangencial é então 0,88, ou seja, tan ф = 0,88. -1°Melhorando o fator de potência para 0,93 significa que cos ф=0,93, logo ф=cos 0,93, o valor do ângulo de fase ф é igual a 21,57 . O valor do ângulo tangencial, ou seja, tan ф = 0,4. O valor da potência reactiva da bateria de condensadores pode ser calculado a partir da equação acima, ou seja, o valor da bateria de condensadores deve ser: Qc = 100 (0,88 - 0,4) = 48 KVAR.

Tendo em conta o que precede, a escolha do nível de compensação baseia-se no cálculo da bateria de condensadores necessária para a instalação. Antes de iniciar um projeto de compensação, devem ser tomadas algumas precauções. Francamente, o sobredimensionamento dos motores deve ser evitado, assim como o funcionamento dos motores em vazio. Quando um motor está em vazio, a energia reactiva consumida pelo motor resulta num fator de potência muito baixo. Isto deve-se ao facto de a potência em kW consumida pelo motor (quando sem carga) ser muito baixa.

Baterias de condensadores automáticas: As baterias de condensadores automáticas permitem o controlo automático da compensação e mantêm o fator de potência dentro de limites estreitos em torno de um valor escolhido. Este tipo de condensador de compensação de potência reactiva é utilizado em pontos de uma instalação onde as variações de potência ativa e reactiva são relativamente grandes. Este ponto de aplicação pode ser os barramentos de um quadro geral de distribuição de energia eléctrica ou os terminais de um cabo de alimentação sujeito a grandes esforços.

***Figura 5:** Exemplo de um sistema de controlo automático da compensação*

O princípio de funcionamento mais importante da compensação automática na indústria de grande escala é o facto de as baterias de condensadores reguladas automaticamente permitirem uma adaptação imediata da compensação à carga. Uma bateria de condensadores está dividida em várias secções, sendo cada uma delas controlada por um contactor. Quando um contactor é fechado, a secção correspondente é colocada em paralelo com outras secções já em serviço. A dimensão da bateria de condensadores pode, assim, ser gradualmente aumentada ou diminuída através do fecho e abertura dos contactores de controlo [7].

Um relé de monitorização monitoriza o fator de potência do(s) circuito(s) regulado(s) e é organizado para fechar e abrir os contactores apropriados de modo a manter um fator de potência do sistema razoavelmente constante (dentro da tolerância definida pelo tamanho de cada passo de compensação). O transformador de corrente para o relé de monitorização deve, naturalmente, ser colocado numa fase da linha de alimentação que alimenta o(s) circuito(s) a ser(em) monitorizado(s), como mostra a Figura 6.

Os sistemas de compensação de potência reactiva que utilizam contactores de estado sólido (tiristores) em vez de contactores tradicionais são particularmente adequados a uma série de instalações em que são utilizados equipamentos de ciclo rápido e/ou sensíveis aos picos de tensão. As vantagens dos contactores de estado sólido são as seguintes Resposta imediata a qualquer variação no fator de potência (tempo de resposta até 40 ms, dependendo da opção do controlador), número ilimitado de operações de comutação, eliminação de transientes na rede ao comutar condensadores e funcionamento totalmente silencioso.

Ao adaptar a compensação exatamente às necessidades da carga, evita-se a possibilidade de gerar sobretensões durante os períodos de baixa carga, prevenindo assim um estado de sobretensão e possíveis danos em equipamentos e instalações. As sobretensões devidas a uma compensação excessiva de potência reactiva dependem, em parte, do valor da impedância da fonte [7].

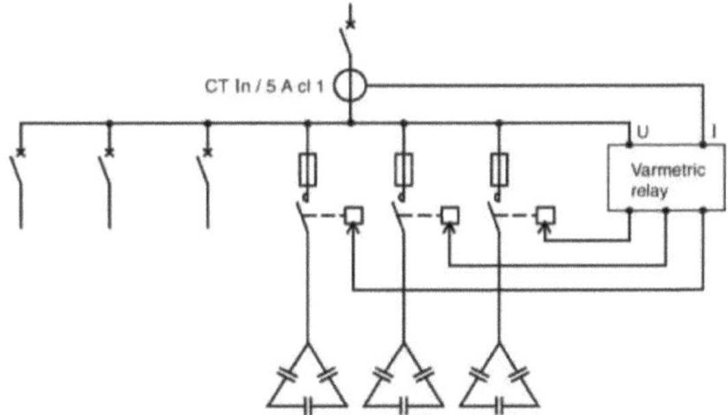

Figura 6: *O princípio da regulação automática por compensação*

Os condensadores de compensação de potência reactiva podem ser instalados de diferentes formas, dependendo do tipo de compensação e da instalação necessária. O fornecimento aos clientes de um baixo fator de potência implica custos adicionais significativos. Estes custos não se reflectem na utilização medida da potência útil. Por conseguinte, são previstas disposições especiais para a compensação.

A compensação global pode ser utilizada para cargas contínuas e estáveis. O princípio da compensação global consiste em ligar a bateria de condensadores aos barramentos do quadro principal de BT da instalação e deixá-la a funcionar durante a duração da carga normal.

A compensação global tem a vantagem de reduzir as penalizações tarifárias por consumo excessivo de quilowatts-hora, de reduzir a potência aparente necessária em kVA, na qual se baseiam geralmente as tarifas permanentes, e de aliviar a carga do transformador de alimentação, que pode assim absorver mais carga se necessário [7].

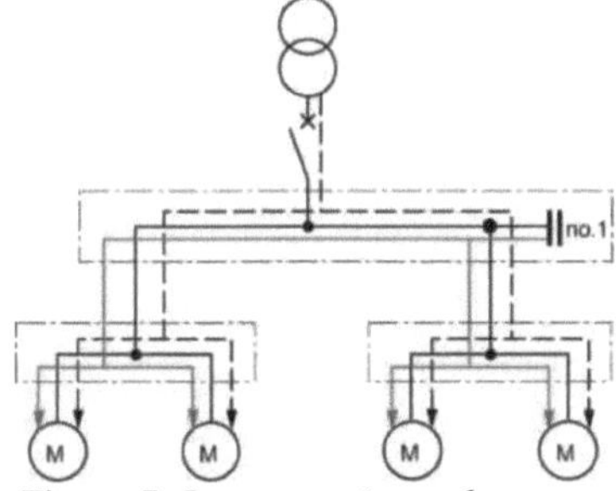

Figura 7: *Remuneração total*

A compensação setorial é recomendada quando a instalação é grande e os diagramas carga/tempo diferem de uma parte da instalação para outra. O princípio consiste em ligar as baterias de condensadores aos barramentos de cada distribuidor local, como mostra a figura 7. Uma grande parte da instalação beneficia desta disposição, nomeadamente as linhas de alimentação que ligam o quadro geral aos diferentes distribuidores locais, nos quais são efectuadas as medições de compensação.

A compensação setorial oferece as seguintes vantagens: Redução das penalizações por consumo excessivo de KVAR, redução da necessidade de potência aparente em kVA em que se baseiam geralmente as tarifas permanentes, redução da carga no transformador de alimentação que pode assim absorver mais carga se necessário, redução da dimensão dos cabos que alimentam os quadros de distribuição locais ou capacidade adicional para fazer face a eventuais aumentos de carga e redução das perdas nesses mesmos cabos [7].

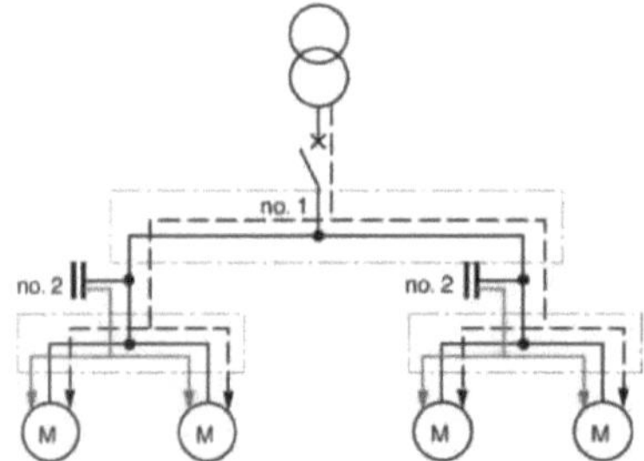

Figura 8: *Remuneração por sector*

A compensação individual deve ser considerada quando a potência do motor é elevada em comparação com a potência da instalação. O princípio é ligar os condensadores diretamente aos terminais do circuito de indução. A compensação individual deve ser considerada se a potência do motor for significativa em relação à potência declarada (kVA) da instalação. O valor em KVAR da bateria de condensadores é de cerca de 25% da potência em kW do motor. Uma compensação adicional na origem da instalação (transformador) pode também ser vantajosa.

A compensação individual tem a vantagem de reduzir as penalizações tarifárias por consumo excessivo de KVAR, de reduzir a potência aparente necessária em kVA e de reduzir a dimensão de todos os cabos, bem como as perdas nos mesmos[7].

Condensadores comutados: Os condensadores comutados são condensadores ligados a um motor de indução ou a um grupo de motores de indução. Os condensadores comutados são utilizados para cargas indutivas intermitentes, tais como grandes motores ou compressores utilizados na maioria das instalações industriais. Os condensadores comutados só funcionam quando a carga do motor é ligada, ou os condensadores podem ser ligados ou desligados dependendo do fator de potência do sistema. A função de comutação só é necessária para grandes condensadores que, quando desligados, causam um fator de potência de cabeça indesejável.

Os condensadores comutados assumem o controlo total do funcionamento. Os condensadores comutados melhoram o desempenho dos motores de indução porque os condensadores fornecem uma potência mais eficiente e menores quedas de tensão, a posição dos motores e dos condensadores pode ser facilmente alterada, a escolha dos condensadores adequados para a carga é simples, as perdas na distribuição da linha são também reduzidas e a capacidade do sistema é aumentada.

II **Condensador síncrono**

Trata-se de um motor síncrono trifásico sem carga ligada ao veio. O motor síncrono tem a particularidade de funcionar com um fator de potência de avanço, de atraso ou uniforme, dependendo da excitação. No caso de cargas indutivas, o condensador síncrono está ligado do lado da carga e está sobre-excitado. Por conseguinte, comporta-se como um condensador. Ele retira a corrente de atraso da rede ou fornece a potência reactiva [15].

Um motor síncrono sobre-excitado tem um fator de potência líder. Isto torna-o útil para a correção do fator de potência de cargas industriais. Os transformadores e os motores de indução retiram correntes atrasadas (magnetização) da rede eléctrica. Para cargas leves, a potência absorvida pelos motores de indução tem uma grande componente reactiva e o fator de potência tem um valor baixo. A corrente adicional que flui para fornecer a potência reactiva resulta em perdas adicionais na rede eléctrica. Numa instalação industrial, os motores síncronos podem ser utilizados para fornecer uma parte da potência reactiva necessária aos motores de indução. Isto melhora o fator de potência da instalação e reduz a corrente reactiva exigida pela rede [16].

Um condensador síncrono proporciona uma correção automática e contínua do fator de potência com a capacidade de gerar até 150% de Var adicional. O sistema não gera picos de comutação e não é influenciado pelos harmónicos eléctricos do sistema (alguns harmónicos podem mesmo ser absorvidos pelos condensadores síncronos). Não geram níveis de tensão excessivos e não são sensíveis a ressonâncias eléctricas. Devido à inércia rotacional do condensador síncrono, este pode fornecer um suporte de tensão limitado durante quedas de energia muito curtas [17].

III Deslocador de fase

Os variadores de fase são utilizados para melhorar o fator de potência dos motores de indução. O baixo fator de potência de um motor de indução deve-se ao facto de o seu enrolamento de estator absorver uma corrente de excitação que se atrasa 90 graus em relação à tensão de alimentação. Se os enrolamentos dos amperes de excitação puderem ser fornecidos por outra fonte de alimentação CA, o enrolamento do estator é aliviado da corrente de excitação e o fator de potência do motor pode ser melhorado. Esta tarefa é efectuada pelo variador de fase, que é simplesmente um excitador CA. O variador de fase é montado no eixo do motor principal e está ligado ao circuito do rotor do motor. Ele alimenta o circuito do rotor com voltas de amperes excitantes na frequência de escorregamento. Ao fornecer mais voltas de amperes do que o necessário, o motor de indução pode funcionar como um motor síncrono sobre-excitado com um fator de potência líder [18].

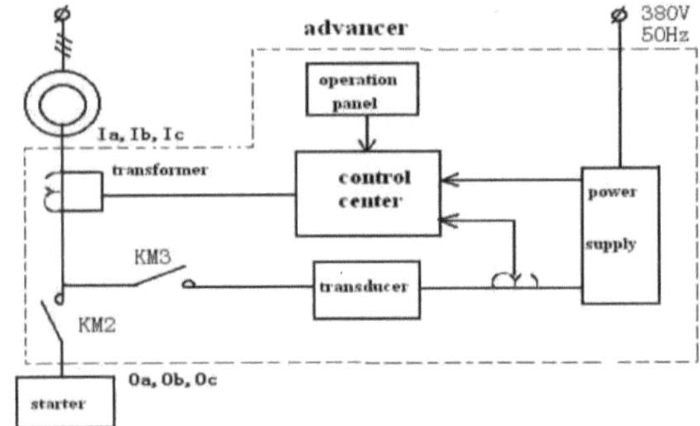

Figura 9: Ligação do variador de fase numa instalação

IV Correção **dinâmica do fator de potência** (DPFC),

Este método, por vezes referido como "correção do fator de potência em tempo real", é utilizado para a estabilização eléctrica durante variações rápidas de carga (por exemplo, em grandes instalações de produção). O DPFC é útil nos casos em que a correção normal do fator de potência resultaria numa sobre ou sub-correção [8]. O DPFC utiliza interruptores de estado sólido, normalmente tiristores, para ligar e desligar rapidamente condensadores ou indutores da rede, a fim de melhorar o fator de potência.

Ao decidir qual o método de correção do fator de potência mais adequado a uma instalação, devem ser consideradas as vantagens e desvantagens de cada tipo de correção do fator de potência. Além disso, é necessário ter em conta uma série de variáveis na instalação, tais como a dimensão da carga, o tipo de carga, a constância da carga, a capacidade da carga e o tipo de arranque do motor.

Tipos de carga: É mais aconselhável instalar ambos os tipos de condensadores para melhorar o fator de potência em instalações industriais com motores pequenos e grandes. As instalações industriais que contêm grandes motores assíncronos requerem uma instalação especial, diferente da instalação de pequenos motores. É mais económico ligar um condensador por cada motor de 50 CV ou mais. Quando o motor assíncrono arranca, o condensador e o motor funcionam simultaneamente. As instalações industriais com motores pequenos, i.e., com menos de 25 CV, podem ser agrupadas e o condensador de correção pode ser instalado num ponto crucial da rede de distribuição.

Tamanho da carga: as instalações industriais com grandes cargas têm a vantagem de dispor de baterias de condensadores fixas e de unidades de condensadores de comutação automática que controlam a combinação de cargas individuais e grupos de cargas. As instalações mais pequenas, por outro lado, apenas necessitam de um único condensador na central ou painel de controlo. Se uma instalação tiver máquinas de indução especiais, como máquinas de soldar, aquecedores de indução ou accionamentos de corrente contínua, a melhoria do fator de potência pode ser uma área problemática isolada. Poderão não ser necessários condensadores adicionais para melhorar o fator de potência global da instalação se a fonte de alimentação que alimenta as cargas indutivas for corrigida.

Constância de carga: a constância de carga oferece a melhor relação qualidade-preço quando uma instalação está a funcionar 24 horas por dia, com uma procura de carga constante e uma capacidade de condensador fixa. Se uma carga só funciona a tempo parcial, devem ser comutadas mais unidades para reduzir a capacidade durante os períodos de carga baixa.

Capacidade de carga: se as fontes de alimentação ou os transformadores estiverem sobrecarregados e for necessária uma carga adicional para a instalação, deve ser aplicado um sistema de compensação de potência reactiva à carga. Se a instalação tiver uma corrente suficiente ou excessiva, é aconselhável instalar um banco de condensadores nas fontes de alimentação principais. A comutação automática é o melhor método para melhorar o fator de potência em caso de flutuações de carga.

Apresentação e análise de dados

Este relatório examina uma fábrica da Nigeria Machine Tools Limited NMTL em Osogbo, Estado de Osun, Nigéria. Em primeiro lugar, toda a fábrica é examinada em profundidade e os sistemas de distribuição de energia eléctrica são identificados. A fábrica é composta por 4 oficinas de montagem e maquinaria pesada, 3 oficinas de maquinaria ligeira e uma fundição com oficinas independentes de modelação e moldagem. O estudo da fábrica permitiu identificar numerosas cargas indutivas.

Depois de estudar a instalação, alguns dos motores eléctricos são selecionados para melhorar o fator de potência. As poupanças de energia eléctrica são determinadas através da análise destas cargas indutivas e da procura de melhorias nos condensadores para melhorar o fator de potência. O procedimento de análise da carga para melhorar o fator de potência é ilustrado na Figura 10.

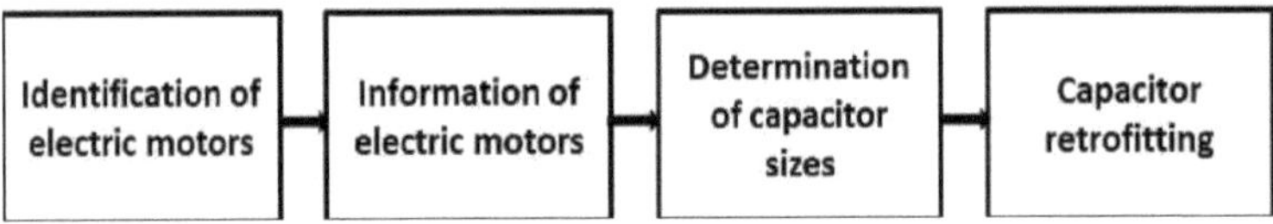

Figura 10: *Método de análise da carga indutiva*

Os dados extraídos são apresentados a seguir:

Máquinas parciais e não tradicionais

A oficina de engenharia pesada está equipada com grandes máquinas CNC trifásicas (230/400 V) e tornos manuais, incluindo os seguintes:

Quadro 4: *Lista de máquinas de indução e respectivos parâmetros em oficinas não tradicionais*

Name of machines	Power rating(KW)	Induction motors rating (hp)	Present power factor
Vertical Machining Centre	30	10	0.7
CNC Slideway grinding Machine	37	50	0.7
CCGH induction hardening Machine	7.5	20	0.75

Universal Milling Machines	7.5	70	0.7
Various CNC and Manual lathes Machines	110	20	0.75
Wire Cut and Spark Erosion Machines	7.5	20	0.75
Horizontal Balancing Machine	37	75	0.7
Double Column CNC Plano – Miller			0.7
Hydraulic Cylinder Honing Machine	30	20	0.7
CNC L45 Lathe (5000mm Between centers	22	75	0.7
Horizontal Machining Centre HMC 1,000	22	30	0.7

OFICINA MECÂNICA

A oficina de construção ligeira está equipada para fabricar ferramentas de pequena e média dimensão.

O equipamento de oficina para máquinas ligeiras inclui

Tabela 5: *Lista de máquinas de indução e respectivos parâmetros na construção de máquinas ligeiras*

Name of machines	Power rating(KW)	Induction motors rating (hp)	Present power factor
Centreless Grinding Machine	500	10	0.75
CNC Thread and Worm Grinding Machines	15	50	0.7
Deep Hole Boring Machine	15	20	0.75
Broaching Machines	15	70	0.7

Tool Reconditioning Section	75	20	0.75
Lathe machines of numerous sizes	7.5	75	0.75
Gear Cutting Machines (Hobbing and Shaping	7.5	10	0.7
Universal, Vertical and Horizontal Milling Machines			0.7
Internal and External Grinding machine	55	75	0.7
Bolts Milling Machine	55	75	0.7

Resultados e discussão

Na instalação, a poupança de energia eléctrica é determinada pela análise de alguns motores eléctricos e procura-se instalar condensadores para melhorar o fator de potência das cargas e aumentar o rendimento do motor. Exemplos de parâmetros de um motor elétrico (rebarbadora sem centro de 666 Kva) são apresentados na Tabela 6, que contém os parâmetros nominais e medidos de uma rebarbadora sem centro de 10 CV. É necessário melhorar o fator de potência de uma instalação de 666 KVA de 0,75 para 0,928.

Induction rating (hp)	Power drawn (KW)	Present power factor	Required power factor
10	500	0.75	0.928

Tabela 6: *Parâmetros nominais e de medição da rectificadora sem centros*

Parâmetros calculados

A potência ativa necessária é 666 x 0,75 = 500 kW.

Ângulo de fase do fator de potência atual $(PF_1) = \emptyset_1 = \cos^{-1} 0.75 = 41.4°$

Ângulo de fase do fator de potência requerido $(PF_2) = \emptyset_2 = \cos^{-1} 0.928 = 21.9°$

Valor KVAR do condensador necessário $= P \times [\tan \emptyset 1 - \tan \emptyset 2]$

x= 500 (tan 41,4 - tan 21,9)

=239,810 KVAR

$$\text{Reduction in distribution loss} = (1-(\frac{PF1}{PF2})^2)$$

$$= 1-(\frac{0.75}{0.928})^2 \times 100$$

$$= 34.68\% = 35\%$$

A tabela 6 mostra que, para aumentar o fator de potência da instalação de 0,75 para 0,928, são necessários 2,084 KVAR por kW de carga. A potência de uma bateria de condensadores nos barramentos principais de distribuição da instalação seria de 239,810 KVAR. Esta abordagem simples permite determinar rapidamente os condensadores de compensação necessários, seja em modo global, parcial ou independente.

A análise das máquinas-ferramentas ligeiras na Nigéria para melhoria do fator de potência é apresentada na Tabela 7 abaixo.

***Quadro** 7: Melhoria do fator de potência das máquinas-ferramentas ligeiras na Nigéria Máquinas-ferramentas*

Name of machines	Power rating(KW)	Induction motor rating(hp)	Present power factor	Required power factor	Required capacitor (KVAR)	Reduction in distribution losses (%)
Centreless Grinding Machine	500	10	0.75	0.928	239.810	35
CNC Thread and Worm Grinding Machines	15	50	0.72	0.95	9.828	42.6
Deep Hole Boring Machine	15	20	0.73	0.95	9.6	41

Broaching Machines	15	70	0.7	0.95	10.63	45.7
Lathe machines of numerous sizes	75	20	0.9	0.97	12.05	13.9
Gear Cutting Machines (Hobbing and Shaping	7.5	75	0.7	0.95	4.485	46
Universal, Vertical and Horizontal Milling Machines	7.5	10	0.76	0.95	3.484	36
Internal and External Grinding machine	55	75	0.75	0.95	25.7	37.7
Bolts Milling Machine	55	75	0.78	0.95	21.21	32.6

Declarações de custos de funcionamento de rectificadoras sem centro

Estudo de caso: fatura de fornecimento para a Nigéria Machine Tools

A tabela 6 acima dá uma necessidade não corrigida de 666kVA, 230/400V, trifásica com um fator de potência de 0,75.

Liquidação com o fornecedor de energia: ₦5,50/kVA Necessidade

Corrigir o fator de potência para 0,928.

Solução:

kVA × power factor = kW

666 × 0 .75 = 500 kW actual demand

$$\frac{kw}{pf} = KVA$$

$$\frac{500}{0.928} = 539\ KVA\ correct\ billing\ demand$$

A Tabela 6 acima mostra que é necessário um condensador de 239,810 kvar para aumentar o fator de potência de 0,75 para 0,928.

Fatura original não corrigida :

$$= 666 \text{ kVA} \times ₦5.50 = ₦3663/\text{month}$$

Nova faturação corrigida :

$$= 539 \text{ KVA} \times ₦5.50 = ₦2964.5/\text{month}$$

Montante poupado por mês graças à melhoria do PC = ₦698,5

Montante anual poupado através da melhoria do PF = ₦8382

Quadro 8: *Oficina de engenharia ligeira na Nigéria Máquinas-ferramentas para facturas de fornecimento*

Machine names	Bill before PFC (₦)	Bill after PFC (₦)	Amount saved/month (₦)
Centreless Grinding Machine	3663	2964.5	698.5
CNC Thread and Worm Grinding Machines	4246	3932	314
Deep Hole Boring Machine	3240	2498	742
Lathe machines of various sizes	2845	2641	204
Broaching Machines	2859	2522	337
Gear Cutting Machines (Hobbing and Shaping	3167	2639	528
Universal, Vertical and Horizontal Milling Machines	5016	4830	186

A tabela 8 mostra que o consumo de energia da rebarbadora sem centros antes da correção do fator de potência no final do mês é de N3663, enquanto a fatura após a correção do fator de potência é de N2964,5. É agora claro que a melhoria do fator de potência do motor permitiu poupar N689,5 durante o mês, o que por sua vez se traduz numa poupança anual total de N8382. A fatura de eletricidade da máquina CNC de roscar e retificar parafusos antes da correção do fator de potência é de 4246 euros no final do mês, enquanto a fatura após a correção do fator de potência é de 3932 euros. É agora evidente que a melhoria do fator de potência do motor permitiu poupar 314 N durante o mês, o que se traduz novamente numa poupança anual total de 3768 N. A fatura da perfuradora antes da correção do fator de potência é de N3240, enquanto que a fatura após a correção do fator de potência é de N2498. A melhoria do fator de potência do motor permitiu poupar 742 N por mês, o que, por sua vez, se traduz numa poupança anual total de 8904 N, e o mesmo se aplica às outras máquinas. A partir das análises apresentadas acima, pode ver-se que os condensadores de correção são o método mais simples de melhorar o fator de potência de um sistema elétrico. Uma fábrica de máquinas-ferramenta tem uma grande carga eléctrica sob a forma de motores de indução. O fator de potência de um motor típico situa-se entre 0,75 e 0,90 e a média da carga selecionada é de 0,8. Após a instalação de um condensador, este fator de potência aumenta para 0,928. Esta análise mostra também que a melhoria do fator de potência oferece uma margem considerável de poupança de energia eléctrica através da redução das perdas na distribuição. As possibilidades futuras incluem a redução da distorção harmónica total causada pela carga não linear.

Estudos recentes mostram que o nível de conhecimento e de implementação de medidas de eficiência energética para sistemas de motores é baixo. Existe uma grande quantidade de informação sobre a conceção, as melhores práticas, a aquisição e a gestão de sistemas de motores, mas poucas empresas se apropriaram dela. São necessárias oportunidades de formação e ferramentas para aprofundar a base de conhecimentos dos utilizadores finais, de modo a implementar medidas para melhorar a eficiência dos motores e sistemas de motores ao nível da fábrica [13].

Por conseguinte, é aconselhável evitar a sobrecompensação se o tamanho do sistema de compensação de potência reactiva for adequado. Em princípio, o condensador de compensação de potência reactiva utilizado para um único motor é baseado na potência de magnetização. Como a carga reactiva de um motor é relativamente constante em comparação com a carga real em kW, deve ser evitada a sobrecompensação.

É igualmente aconselhável ter um cuidado especial quando se utiliza a compensação de potência reactiva num circuito em estrela ou em triângulo, a fim de evitar operações rápidas de ativação e desativação dos condensadores. Normalmente, os condensadores de correção são ligados quer ao circuito delta quer ao circuito principal do contactor.

Conclusão

Existem muitas barreiras à implementação da melhoria do fator de potência em motores eléctricos, incluindo aspectos operacionais (por exemplo, o custo de instalação de equipamento para corrigir o fator de potência) que têm impacto nas decisões de atribuição de recursos. A melhoria da eficiência dos motores de indução na fábrica leva à necessidade de criar um elevado nível de conhecimento da fábrica e das ferramentas necessárias para melhorar os sistemas de motores. Os decisores que analisam as práticas de gestão de motores têm de determinar se estas são adequadas para cumprir os objectivos de melhoria da eficiência e de redução de custos que muitas empresas enfrentam. A melhoria da eficiência dos motores, do aprovisionamento e da formação pode proporcionar poupanças significativas e sustentáveis. Podemos concluir que é extremamente importante aproximar o fator de potência o mais possível da unidade, de modo a assegurar as condições mais favoráveis para um sistema de fornecimento (companhia de eletricidade) e evitar custos de fornecimento excessivos para os consumidores.

Referências

[1] PDF]Compensação de potência reactiva; especialistas em quadros eléctricos e automatismos industriais 2007: **Introdução à correção do fator de potência - NHP**. W eb : *www.nhp.com.au/.../Power%20Qualiy/Introduction-to-Power-Fator-Co...*

[2] Townsend & Townsend & Crew LLP San fransico 2002***: Standards Information Network IEEE press:*** *Authoritative Dictionary of Standards Terms* (7th ed.), IEEE, ISBN 0-7381-2601-2, Std. 100.

[3] Alex McEachern: **Sobre Potência Negativa e Fator de Potência Negativo em Sistemas de Corrente Alternada** 2013. Algumas correcções ao IEEE 1459-2010. http://powerstandards.com/Shymanski/draft.pdf

[4] Duddell W: **On the Resistance and Electromotive Forces of the Electric Arc (Sobre a resistência e as forças electromotrizes do arco elétrico**). *Proceedings of the Royal Society of London* 1901, **68**(442-450):512-518.

[5] Zhang S: **Análise de alguns problemas de medição no ensaio do fator de potência dos casquilhos no terreno**. *Power Delivery, IEEE Transactions on* 2006, **21**(3):1350-1356.

[6]Almarshoud A, Abdel-Halim M, Alolah A: **Performance of a grid-connected induction generator under a naturally switched ac voltage regulator**. *Electric Power Components and Systems* 2004, **32**(7):691-700.

[7] Volut S: **Guia para a instalação eléctrica de acordo com as normas IEC**. *Schneider Electric, França* 2009

[8] Chavez C, Houdek J: **Redução dinâmica de harmónicas e correção do fator de potência**. In: *Electrical Power Quality and Utilisation, 2007 EPQU 2007 9th International Conference on: 2007*: IEEE; 2007: 1-5.

[9] Dados técnicos SA02607001 2014**: Compensação de potência reactiva: um guia para os fabricantes de instalações.** http://www.eaton.eom/ecm/groups/public/@pub/@electrical/documents/content/sa0260700 1e.pd f

[10] DTE Energy Company (2015): https://www2.dteenergy.com

[11] Dakotaelectricbusinessservices
http://www.dakotaelectric.com/business/resources/energy descrições/fator de potência#

[12] Neena Malhotra: **Eficiência de motores de indução convertidos em uma usina de açúcar.** *Revista Internacional de Aplicações Informáticas (0975 - 8887) Volume 55 - No.5, outubro 2012.*
Sítio Web:http://research.ijcaonline.org/volume55/number5/pxc3882642.pdf

[13] http://ecmweb.com/motors/motor-efficiency-power-fator-and-load

[14] http://nigeriamachinetools.com

[15]http://www.researchgate.net/profile/Utsho A Arefin/publication/271770098 Estudo de fabrico PFI sobre a melhoria das técnicas de correção de potência F ator/links/54d1912b0cf28 959aa7b2919.pdf

[16] Fink DG, Beaty HW, Beaty HW: **Standard handbook for electrical engineers**, vol. 10: McGraw-Hill York ; 1978. 10 : McGraw-Hill New York ; 1978.page 14-33

[17] Pikulski M: **Controlled Sources Of Reactive Power Used For Improving Voltage Stability (Fontes Controladas de Potência Reactiva Utilizadas para Melhorar a Estabilidade da Tensão)**. *Sistemas de Energia Eléctrica e Engenharia de Alta Tensão, Universidade de Aalborg, Aalborg* 2008.

[18] Mehta V, Mehta R: **Principles of power system**: S. Chand; 1982.

Análise da fiabilidade das turbinas hidroeléctricas para a produção de eletricidade na central de Jebba. Central hidroelétrica de Jebba.

[123]Kadiri Kamoru Oluwatoyin, Ibiyemi Semiu Bukayo e Alabi A.O

[1,2]Federal Polytechnic Offa Nigéria, Departamento de Engenharia Eléctrica/Eletrónica

[3]Federal Polytechnic Offa Nigéria, Departamento de Engenharia Informática

Endereço de correio eletrónico correspondente Sbukayo6@gmail.com

Resumos

Este artigo apresenta a situação atual em termos de análise de segurança de centrais hidroeléctricas e retira ilações sobre a segurança de componentes críticos de turbinas hidroeléctricas, que dependem essencialmente da disponibilidade das centrais hidroeléctricas. Os dados derivados da manutenção foram utilizados para o diagnóstico técnico de materiais, ensaios de carga e vibração para a análise de fiabilidade de turbinas hidráulicas. Também foram discutidos os critérios de seleção para a escolha da arquitetura de turbina mais adequada para uma especificação hidroelétrica de baixa queda, utilizando abordagens quantitativas e qualitativas de diferentes arquitecturas de sistemas de turbinas na metodologia de investigação. Os requisitos do utilizador final dependem de critérios de seleção quantitativos e qualitativos. Estas análises de cada avaliação global baseiam-se na importância de cada critério de seleção em relação à especificação inicial, e a escolha de uma variante de turbina depende da avaliação global. Esta metodologia foi aplicada à central hidroelétrica isolada de Jebba de baixa queda e caudal variável e utilizada para selecionar as seis variantes de turbinas de hélice para esta especificação. Foi dada a máxima atenção às partes críticas da turbina, que são fabricadas por forjamento, fundição e soldadura e estão expostas à fadiga, corrosão e cavitação.

Palavras chave: Turbinas hidráulicas, fiabilidade, produção de energia, corrosão, cavitação, seleção de turbinas, baixa queda.

1. Introdução

A maior parte da eletricidade do mundo é produzida por centrais hidroeléctricas. As turbinas hidráulicas foram inventadas no século XIX e foram amplamente utilizadas para a produção de energia industrial antes da introdução das redes eléctricas. Atualmente, são utilizadas principalmente para a produção de eletricidade. As turbinas hidráulicas são geralmente utilizadas em barragens para produzir eletricidade a partir da energia cinética da água. Como a turbina não transforma a água durante o processo, são geralmente designadas por geradores de eletricidade limpa. As turbinas hidráulicas são geralmente concebidas para funcionar durante décadas (os intervalos de revisão são da ordem de vários anos) com muito pouca manutenção dos componentes principais e utilizam uma fonte de energia renovável para o seu funcionamento. A manutenção da turbina consiste em inspecionar, desmontar e reparar as partes desgastadas das rodas e outras partes da turbina expostas à água. Os principais problemas são o desgaste, a corrosão por picadas devido à cavitação, a fissuração por fadiga e a abrasão por sólidos na água. Os materiais do rotor, tais como ferro fundido ou componentes de aço, são geralmente reparados por soldadura, normalmente utilizando barras e eléctrodos de aço inoxidável. As peças desgastadas são cortadas ou esmeriladas e, em seguida, é efectuada a soldadura necessária para manter o estado original ou melhorar o perfil. Para rodas de turbina mais antigas, pode ser adicionada uma certa percentagem de aço inoxidável para aumentar a vida útil. São utilizados processos de soldadura complexos para obter reparações de alta qualidade [1]. Para além das rodas, as outras peças que são

Os componentes a inspecionar e reparar durante a manutenção incluem rolamentos, bucins e mangas de veio, servomotores, sistemas de arrefecimento de rolamentos e bobinas do gerador, anéis de vedação, componentes de ligação de válvulas e todas as superfícies [2].

Existem diferentes tipos e dimensões de instalações hidroeléctricas, desde as micro-hídricas, que fornecem eletricidade apenas a algumas casas, até às mega-hídricas. Algumas instalações hidroeléctricas incluem barragens para aumentar a altura de uma queda de água ou controlar o fluxo de água e reservatórios para armazenar água para futura utilização energética (barragens de armazenamento), enquanto outras produzem eletricidade utilizando diretamente o fluxo de um rio (a fio de água).

Durante mais de cinco décadas, o sector da energia na Nigéria, particularmente o sector da energia rural, caracterizou-se pela falta de acesso, baixo poder de compra e dependência excessiva dos combustíveis tradicionais para satisfazer as necessidades básicas de energia. Numa tentativa do governo de resolver este problema, a central hidroelétrica de Jebba [3] foi posta em funcionamento em 1984 como um precursor. O objetivo era melhorar o acesso a serviços energéticos fiáveis, seguros, a preços acessíveis, respeitadores do clima e sustentáveis, e estimular o investimento no sector energético da Nigéria.

A central hidroelétrica de Jebba tem seis turbinas hidroeléctricas movidas a hélice que funcionam continuamente há mais de 25 anos. A central de 540 MW (720 000 CV) cobre 40% das necessidades de eletricidade da Nigéria, fornecendo 35% da produção total de eletricidade. Estando em funcionamento há mais de 25 anos, tornou-se cada vez mais difícil, nos últimos anos, operar os antigos reguladores centrífugos de forma eficiente e correta, com avarias que levam a reparações dispendiosas e a períodos de inatividade. Os controlos desactualizados nas turbinas de impulso de agulha dupla estavam a causar um desequilíbrio na posição das agulhas, resultando numa perda de eficiência, vibração constante e desgaste. A jebba hydroturbines necessitava de uma solução de atualização que convertesse os controladores num controlo digital moderno para preservar a vida útil e a operacionalidade desta importante instalação comercial.

De acordo com as soluções de controlo da GE Energy, a fiabilidade das turbinas hidráulicas pode ser melhorada através da atualização do antigo controlo mecânico para um controlo digital com uma unidade de pressão hidráulica moderna. A atualização do antigo controlo para uma interface eléctrica foi conseguida através da instalação de uma válvula proporcional com uma interface electro-hidráulica. A equipa também substituiu os servomotores originais por novos cilindros de alta pressão, assegurou que o sistema de óleo da unidade de pressão hidráulica fosse fechado e adicionou sensores para obter informações sobre a posição da agulha e do deflector. O novo sistema automatiza totalmente todas as funções da fábrica e fornece uma interface de utilizador com ecrã tátil, sincronização automática em linha e monitorização remota de todo o equipamento de campo associado.

Este novo desenvolvimento tecnológico torna a central mais fácil de manter e mais eficiente, permitindo-lhe produzir centenas de milhares de megawatts-hora de eletricidade adicional todos os anos. Juntamente com a redução do tempo de arranque, a produção total de eletricidade da central aumentou entre cinco e dez por cento. A eletricidade excedentária é vendida a países vizinhos como o Gana e a República do Níger. Esta é uma importante fonte de rendimento para o país. Os engenheiros da central também beneficiam da capacidade de monitorizar e resolver problemas do novo sistema remotamente, o que contribui para a produtividade da central, a facilidade de manutenção e a formação simplificada dos operadores. As novas funções de monitorização remota reduzem o número de viagens de 90 minutos entre a fábrica e a fábrica necessárias para a manutenção e permitem que o pessoal identifique rapidamente os problemas antes de visitar o local.

2. Desenvolvimento da turbina hidráulica

As mais antigas turbinas de água conhecidas datam do Império Romano. Dois moinhos de turbina em espiral quase idênticos foram descobertos em Chemtou e Testour, na atual Tunísia, e datam do final do século III ou do início do século IV. A roda de água horizontal com pás angulares estava instalada no fundo de um poço circular cheio de água. A água da vala do moinho fluía tangencialmente para o poço, criando uma coluna de água rodopiante que fazia com que a roda totalmente submersa parecesse uma verdadeira turbina.

Em meados do século XVIII, Johann Segner desenvolveu uma turbina de água reactiva (roda de Segner) no Reino da Hungria. Tinha um eixo horizontal e foi um precursor das modernas turbinas hidráulicas. Era uma máquina muito simples, que ainda hoje é fabricada para utilização em pequenas centrais hidroeléctricas. Segner trabalhou com Euler em algumas das primeiras teorias matemáticas da construção de turbinas. No século XVIII, o Dr. Barker inventou uma turbina de reação hidráulica semelhante, que se tornou popular como demonstração em salas de aula. O único exemplo sobrevivente conhecido deste tipo de motor utilizado para gerar eletricidade data de 1851 e encontra-se na Hacienda Buena Vista em Ponce, Porto Rico[4,5].

Em 1820, Jean-Victor Poncelet desenvolveu uma turbina de fluxo interno. Em 1827, o engenheiro francês Benoit Fourneyron desenvolveu uma turbina de fluxo exterior. Esta era uma máquina eficiente (~80%) que enviava água através de uma roda com pás curvadas numa dimensão. A saída estacionária também tinha palhetas-guia curvas. Foi nesta altura que foi inventada a primeira turbina de água reactiva. A sua conceção apresentava um rotor de 6 CV, mas estas turbinas de água já não são utilizadas devido ao seu fraco desempenho.

Em 1855, o engenheiro americano J. Francis inventou uma turbina hidráulica com um rotor radial-axial de pás fixas e, em 1887, o engenheiro alemão Fink propôs um dispositivo de guia com pás rotativas. Em 1889, o engenheiro americano L. A. Pelton patenteou a turbina hidráulica que tem o seu nome e, em 1920, o engenheiro austríaco V. Kaplan obteve uma patente para uma turbina hidráulica com pás rotativas. As turbinas hidráulicas com pás rotativas, as turbinas radial-axiais e as turbinas Pelton são frequentemente utilizadas para produzir eletricidade[4,5].

Foi por volta de 1890 que o moderno rolamento líquido foi inventado e, atualmente, é geralmente utilizado para o armazenamento de turbinas de água pesada. Em 2002, o tempo médio de falha dos rolamentos líquidos era de mais de 1.300 anos.

Por volta de 1913, Viktor Kaplan desenvolveu a turbina Kaplan, uma máquina do tipo hélice. Era uma evolução da turbina Francis, mas revolucionou as possibilidades de desenvolvimento de centrais hidroeléctricas de baixa queda.

3. Explicação do problema de investigação

O trabalho científico sobre a fiabilidade das turbinas hidroeléctricas tem-se centrado em diferentes perspectivas e aspectos do projeto. Alguns desses trabalhos incluem [12], [13], [14], [15], [16]. No entanto, verificou-se que os estudos existentes não examinaram o diagnóstico técnico de materiais, vibrações e testes de carga para a análise da fiabilidade de turbinas hidroeléctricas. Foi também omitida a apresentação do estado atual da análise de segurança, da experiência adquirida e dos critérios de seleção para a escolha da arquitetura de turbina mais adequada para uma especificação hidroelétrica de baixa queda. Este artigo tem em conta este aspeto, a fim de preencher a lacuna existente, investigando a fiabilidade da turbina hidráulica da central hidroelétrica de Jebba através de análises quantitativas e qualitativas.

4. Objetivo do estudo

Neste documento, centramo-nos em diferentes tipos de turbinas hidroeléctricas, destacando as suas vantagens e desvantagens, a fim de melhorar o acesso a serviços energéticos fiáveis, seguros, acessíveis, respeitadores do clima e sustentáveis, e de incentivar os investimentos em energia na Nigéria. Para tal, os objectivos do presente documento são os seguintes

- Avaliação dos aspectos técnicos das centrais hidroeléctricas
- fornecer informações básicas sobre os tipos mais comuns de turbinas (Francis, Kaplan e Pelton)
- Menos reparações dispendiosas e menos tempo de inatividade
- Aumento da produção de eletricidade durante os períodos de baixos níveis de água
- tempo de arranque reduzido de quatro horas para menos de 10 minutos
- ferramentas modernas de manutenção e diagnóstico para detetar erros em tempo real
- Capacidades melhoradas de automatização e monitorização remota das instalações

5. Metodologia de investigação

Uma central hidroelétrica utiliza essencialmente um motor principal acoplado a um gerador para produzir energia eléctrica. As máquinas motrizes, como as turbinas Francis, Kaplan e Pelton, convertem energia de outra forma em energia mecânica. O alternador converte a energia mecânica do motor principal em energia eléctrica. A energia eléctrica produzida pela central é transmitida e distribuída aos diferentes consumidores através de linhas. Para além do motor principal e do alternador, uma central eléctrica moderna utiliza uma série de dispositivos e instrumentos auxiliares para garantir um funcionamento económico, fiável e contínuo.

De acordo com um relatório do Conselho Norte-Americano de Fiabilidade Eléctrica (NERC) sobre a disponibilidade das centrais hidroeléctricas, as falhas do mecanismo de Wicket gate, do regulador da turbina, dos rolamentos do alternador e do sistema de lubrificação estão entre as 25 causas mais comuns de paragens forçadas e planeadas das turbinas hidroeléctricas. Esta é uma excelente oportunidade para melhorar a fiabilidade e a disponibilidade das turbinas hidroeléctricas através da utilização de tecnologia de filtragem avançada. [6]

As centrais eléctricas produzem eletricidade de forma mais económica quando a sua produção é constante e não flutuante. No entanto, como a procura de eletricidade varia, estas centrais têm um excedente de eletricidade durante os períodos em que não há picos de carga. Este excedente de eletricidade é frequentemente vendido a baixo preço pelas centrais eléctricas às centrais de acumulação por bombagem. A central de acumulação por bombagem utiliza esta energia barata para bombear água de um reservatório a uma altitude inferior para um reservatório a uma altitude superior, onde é armazenada.

Durante as paragens máximas, a água é drenada do reservatório acima e passa por uma turbina para produzir eletricidade, que pode ser vendida a um preço mais elevado.

Há uma série de aplicações hidroeléctricas que podem beneficiar da Gestão Total de Fluidos, um programa de integração de equipamentos e serviços concebido para obter o melhor desempenho ao menor custo. Estas incluem as unidades de potência hidráulica com válvulas de entrada (HPU), os sistemas de lubrificação dos rolamentos da turbina e o sistema de controlo da turbina. Destes três, o sistema de controlo da turbina é, de longe, a aplicação mais crítica em termos de limpeza do óleo hidráulico, uma vez que é essencial para manter a turbina à velocidade correta.

O regulador utiliza feedback mecânico ou eletrónico para detetar a velocidade da turbina. As válvulas proporcionais ou direcionais controladas pelo regulador accionam cilindros que abrem e fecham válvulas de corrediça ou de agulha para regular o fluxo de água para a turbina, mantendo assim uma velocidade constante da turbina. As turbinas hidroeléctricas rodam a velocidades relativamente baixas em comparação com as turbinas a vapor. As maiores turbinas hidroeléctricas rodam a 35-75 rotações por minuto e as mais pequenas a 150 rotações por minuto. O grande diâmetro da turbina, combinado com a enorme inércia da água que a atravessa, significa que o controlo preciso da velocidade de rotação é um fator decisivo. Se as válvulas proporcionais ou direcionais do regulador não reagirem imediatamente e com precisão às alterações da carga do gerador, há um atraso na posição da válvula de corrediça ou da válvula de agulha. O resultado é um estado de oscilação em que a turbina está constantemente a acelerar e a desacelerar. Esta produção ineficiente de eletricidade, embora difícil de quantificar, resulta numa perda de receitas para a companhia de eletricidade. Se esta oscilação exceder a frequência máxima autorizada, a turbina deve ser parada, o que resulta numa paragem temporária da produção de eletricidade[6].

Mesmo no caso de uma perda súbita de carga, é importante que o regulador pare a turbina imediatamente para evitar que ela fique "em marcha lenta". A velocidade a que a turbina excede a sua velocidade máxima de projeto é conhecida como "velocidade de passagem". Neste caso, a turbina pode partir-se devido a forças centrífugas maciças[6].

Atualmente, a maior parte dos rolamentos das turbinas das centrais hidroeléctricas são inspeccionados e, se necessário, revistos ou substituídos durante os períodos de paragem regularmente programados. O tempo de paragem, a revisão ou substituição dos rolamentos e a mão de obra podem representar custos significativos para o operador de uma central hidroelétrica. A frequência com que estes rolamentos têm de ser substituídos ou refabricados pode ser significativamente reduzida se for prestada a devida atenção ao grau de contaminação do óleo lubrificante da turbina. A contaminação por partículas é uma das principais causas de desgaste prematuro e falha dos rolamentos. Ao manter a limpeza no nível desejado, é possível prolongar a vida útil dos mancais de deslizamento e rolamentos. Por vezes, existe um sistema de lubrificação específico para cada rolamento de uma turbina hidroelétrica.

O tamanho destes tanques varia de 45 a 100 galões, enquanto os grandes sistemas de lubrificação centralizada podem ter tanques de 1000 galões. Para atingir o nível de pureza exigido, cada sistema de lubrificação deve ter um conjunto de filtros Pall em linha (preferencialmente) ou num circuito de rim. As turbinas com rolamentos lisos ou rolantes requerem uma filtragem de 7µm ($\beta 7(c) \geq 1000$). Recomenda-se também que as tampas de enchimento sejam substituídas por filtros Pall Reservoir Vent para evitar que as partículas de ar entrem no(s) depósito(s)[6].

A válvula de agulha é utilizada para regular o fluxo de água para o impulsor nas turbinas hidroeléctricas de impulso e é controlada pelo regulador através de comandos mecânico-hidráulicos ou electro-hidráulicos. A válvula de entrada está localizada a montante da turbina e é utilizada para interromper o caudal de água em caso de emergência ou durante os trabalhos de manutenção. Estas válvulas são frequentemente válvulas de esfera ou válvulas de borboleta, geralmente acionadas por unidades de potência hidráulica.

Este rolamento está localizado mais próximo da roda da turbina e suporta radialmente a roda rotativa e o conjunto do eixo. Muitos projectos incluem uma chumaceira de impulso superior e inferior. Nos modelos de turbinas verticais, a chumaceira de impulso suporta o peso da turbina e das peças rotativas do alternador. Pode estar localizada diretamente acima ou abaixo do rotor do alternador. Os modelos horizontais podem ter duas chumaceiras de impulso ou uma chumaceira de impulso de dupla ação para transmitir o impulso axial em ambas as direcções.

Algumas grandes turbinas hidroeléctricas estão equipadas com bombas de elevação (por vezes chamadas bombas de óleo de elevação) que bombeiam óleo a baixo caudal e a alta pressão para os rolamentos à medida que a velocidade do rotor aumenta da velocidade mínima para a velocidade máxima de projeto. Os moentes da turbina são levantados hidrostaticamente da pista de rolamento para reduzir o contacto metal-metal a velocidades mais baixas[6].

São componentes aerodinâmicos de ângulo ajustável que dirigem e controlam (estrangulam) o fluxo de água para o impulsor nas turbinas de reação hidroelétrica. São regulados pelo regulador através de comandos mecânico-hidráulicos ou electro-hidráulicos.

Existem muitos tipos diferentes de rodas que transformam o movimento linear da água num movimento rotativo utilizando pás ou baldes. Muitos modelos assemelham-se a grandes hélices, enquanto outros são versões modernas da roda de pás. Em algumas rodas de hélice, o passo das lâminas pode ser variado para obter um desempenho ótimo em diferentes correntes e condições de pressão.

Devido à sua proximidade com a água, os óleos lubrificantes das turbinas hidroeléctricas têm frequentemente um teor de água inaceitável. Isto pode levar a uma série de problemas, desde o crescimento bacteriano/fúngico e a degradação prematura do óleo até ao desgaste e falha dos componentes. Uma espessura insuficiente da película de óleo devido à contaminação por água pode levar a estrias nos anéis. A água também pode causar a oxidação de tubos e outros componentes, produzindo partículas que promovem o desgaste dos rolamentos e a redução do desempenho das válvulas proporcionais e direcionais. [6]

5.1 Classificação das turbinas hidráulicas

As turbinas hidráulicas dividem-se em verticais, horizontais e inclinadas, consoante a disposição do eixo do rotor. A combinação de uma turbina hidráulica e de um hidrogerador é designada por unidade hidráulica. As turbinas hidráulicas horizontais com pás rotativas ou turbinas de hélice podem ser alojadas numa única caixa. Para cada tipo de turbina, existem numerosos fabricantes que oferecem turbinas de potência e qualidade variáveis. A experiência mostra que vale sempre a pena comprar uma turbina de alta qualidade que tenha sido testada e comprovada na prática, porque funciona de forma fiável dia após dia. Além disso, a maioria das turbinas hidroeléctricas são construídas em torno de estruturas de betão e, em muitos casos, o corpo principal é fundido na estrutura, pelo que não é algo que se queira substituir mais tarde. A altura líquida disponível para a turbina determina a escolha do tipo de turbina a utilizar no local. O caudal determina a potência da turbina. As turbinas hidráulicas dividem-se em duas categorias: Turbinas de impulso e turbinas de reação.

5.1.1 Turbinas a jato

As turbinas a jato dividem-se em turbinas Francis (fluxo misto) e turbinas de hélice (fluxo axial). As turbinas de hélice estão disponíveis com pás fixas e ajustáveis (Kaplan). As turbinas de hélice e Francis podem ser montadas na horizontal ou na vertical. As turbinas de hélice também podem ser montadas num ângulo. Alguns modelos de turbinas de hélice têm nomes comerciais como tubo, bulbo e straflo. No entanto, os princípios de construção da hélice são os mesmos[7].

As turbinas de impulso convertem a energia cinética de um jato de água em energia mecânica. As turbinas de impulso são frequentemente utilizadas em pequenas centrais hidroeléctricas. As turbinas de impulso mais utilizadas são : Turbinas Pelton, Turgo e de fluxo cruzado. As turbinas Pelton podem ser montadas na horizontal ou na vertical, enquanto as turbinas Turgo ou Crossflow devem ser montadas na horizontal.

A secção de fluxo das turbinas a jato mostrada na Figura 1 é constituída pelos seguintes componentes principais: a voluta da turbina de água, o dispositivo de guia que regula o fluxo de água, o rotor e o tubo de sucção que descarrega a água da turbina de água.

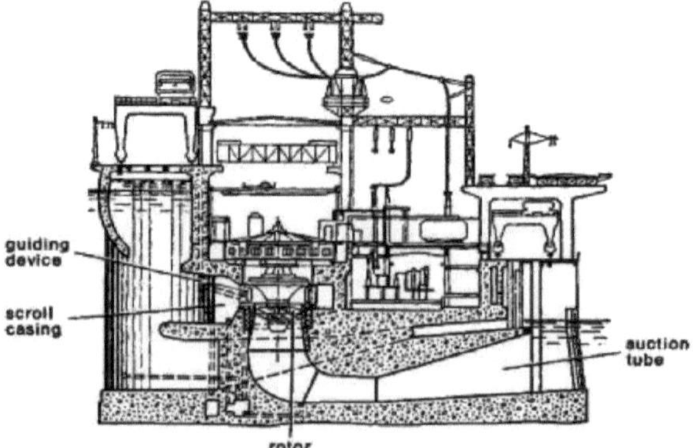

Figura 1: Secção transversal do fluxo de uma turbina de água reactiva

5.1.1.1 Turbina Francis

A turbina Francis é uma turbina hidráulica que é uma turbina de reação de fluxo interior, combinando conceitos de fluxo radial e axial. As turbinas Francis são as turbinas hidráulicas mais utilizadas atualmente. Funcionam a uma altura de queda entre 40 e 600 m (130 e 2.000 pés) e são utilizadas principalmente para a produção de eletricidade. As comportas no exterior da roda da turbina regulam o fluxo de água através da turbina para atingir diferentes taxas de produção de eletricidade. As turbinas Francis são quase sempre montadas com o eixo na vertical, para manter a água afastada do alternador ligado e para permitir um acesso fácil ao alternador e à turbina para instalação e manutenção. Uma turbina Francis pode funcionar numa gama de caudais de aproximadamente 30% a 105% do caudal nominal. Abaixo de 30% do caudal nominal, pode existir uma gama de funcionamento em que ocorrem picos de vibração e/ou de potência. [5]

A turbina Francis pode ser montada com um eixo vertical ou horizontal. A montagem vertical permite uma pegada mais pequena e um ajuste mais baixo da turbina em relação à altura da água subaquática. O custo do gerador para unidades verticais é mais elevado do que para unidades horizontais, uma vez que é necessário um rolamento axial maior. As unidades horizontais são frequentemente mais económicas para aplicações em que estão disponíveis geradores horizontais normalizados. A turbina Francis convencional está equipada com um conjunto de palhetas-guia que permitem o arranque da unidade à velocidade síncrona, a regulação da carga e da velocidade e a paragem da unidade. As palhetas-guia são normalmente acionadas por um servomotor hidráulico. Em alguns casos, as pequenas unidades podem ser acionadas por motores eléctricos, mas consegue-se um melhor controlo com um sistema hidráulico.

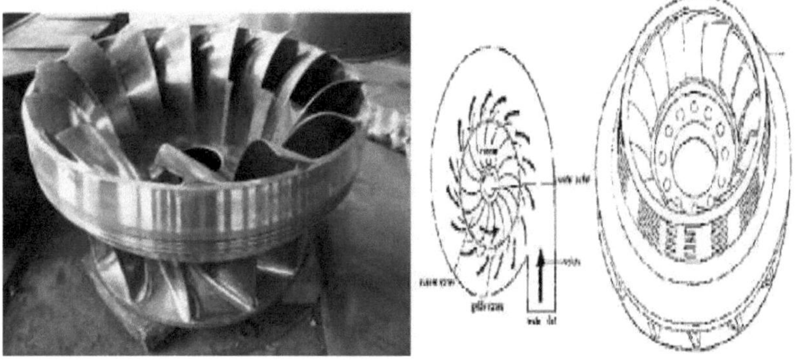

5.1.1.2 Turbina de hélice

Uma turbina de hélice tem geralmente um impulsor com quatro, cinco ou seis pás, em que a água flui na direção axial do eixo, através do impulsor. O passo das pás pode ser fixo ou móvel. Os principais componentes são uma caixa de água, palhetas-guia, um impulsor e um tubo de aspiração. A eficiência de uma turbina de hélice com pás típica forma um pico acentuado, mais acentuado do que a curva de uma turbina Francis. Nas instalações com pás orientáveis, o pico de rendimento surge em potências diferentes consoante a posição das pás. As turbinas de hélice podem funcionar a potências com caudais que variam entre 40 e 105% do caudal nominal. [7]

As turbinas Kaplan são, de facto, turbinas de hélice com pás ajustáveis dentro de um tubo. Trata-se de uma turbina axial, o que significa que a direção do fluxo não muda quando o rotor é atravessado. As palhetas-guia na entrada podem ser abertas e fechadas para regular a quantidade de caudal que pode passar através da turbina. Quando estão completamente fechadas, impedem completamente o fluxo de água e fazem com que a turbina pare. Dependendo da posição das palhetas-guia de entrada, o caudal é mais ou menos turbulento, de modo a que a água atinja o rotor no ângulo mais eficiente possível, a fim de obter o melhor rendimento. A inclinação das pás do rotor também é ajustável, desde um perfil plano para correntes muito baixas até um perfil fortemente inclinado para correntes elevadas (Figura 3). Esta possibilidade de regulação tanto das palhetas-guia de entrada como das pás do rotor permite que a gama de funcionamento da turbina seja muito ampla, com um rendimento elevado e uma curva de rendimento muito plana]. A figura 2 abaixo mostra uma turbina Kaplan simplificada[9].

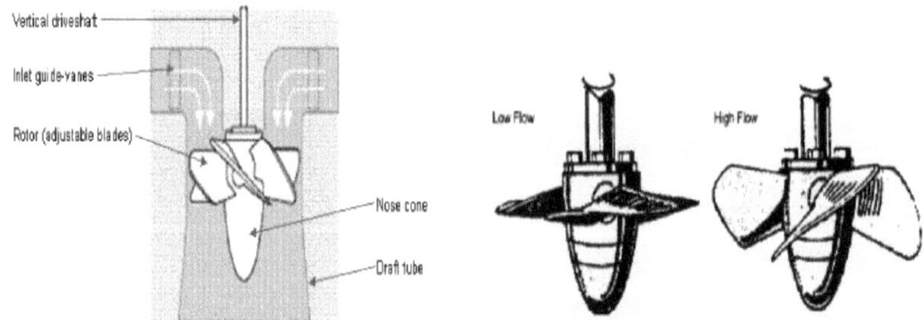

Figure 2 – Basic layout of a Kaplan turbine **Figure 3 – Kaplan turbine rotor blade positions**

De um ponto de vista hidrodinâmico, o cone do nariz de uma turbina Kaplan é essencial para reduzir as perdas e evitar a formação de um "vórtice de cabo" no núcleo, e também proporciona espaço para o complexo mecanismo de ajuste das pás no interior. O tubo de admissão é também um componente extremamente importante. Embora seja um componente estático, a geometria do tubo de sucção é cuidadosamente concebida para extrair a energia cinética restante do caudal, reduzindo a pressão da água à saída do rotor[9].

Existem variantes das turbinas Kaplan que têm apenas palhetas-guia de entrada ajustáveis ou palhetas do impulsor ajustáveis, conhecidas como turbinas semi-caplan. Embora o desempenho das turbinas semi-caplanares seja afetado quando funcionam numa vasta gama de caudais, podem ser uma escolha mais económica para aplicações em que o caudal não varia muito. A Figura 4 abaixo mostra como a eficiência varia ao longo da gama de caudais de funcionamento para uma turbina Kaplan completa (curva A), uma semi-Kaplan com palhetas ajustáveis (curva B) e uma semi-Kaplan com deflectores de entrada ajustáveis (curva D). Mostra também a curva de eficiência para uma turbina de hélice (Kaplan com pás fixas e deflectores de entrada fixos (curva C))[9].

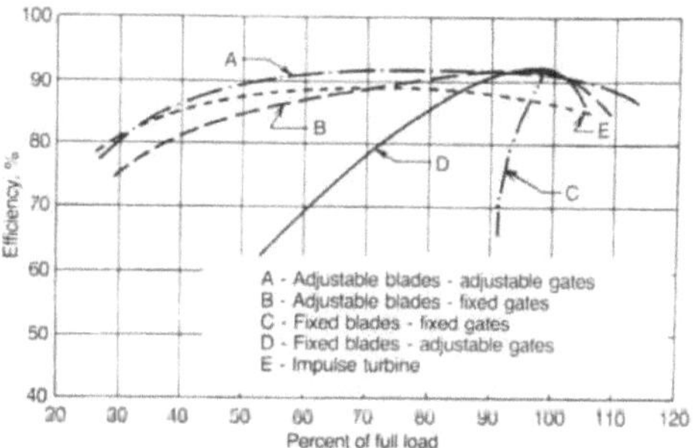

Figura 4 - Comparação da curva de eficiência da turbina Kaplan

As turbinas Kaplan podem tecnicamente funcionar adequadamente numa vasta gama de alturas manométricas e caudais, mas como outros tipos de turbinas são mais eficientes a alturas manométricas mais elevadas e as turbinas Kaplan são relativamente caras, são a turbina de eleição para locais com alturas manométricas mais baixas e caudais mais elevados. [33]Em geral, são utilizadas em locais com uma queda líquida de 1,5 a 20 metros e um caudal de pico de 3 m /s a 30 m /s. [9]

5.1.2 Turbinas tubulares Kaplan

As turbinas tubulares são instalações horizontais em que as rodas de hélice estão diretamente ligadas ao alternador. O gerador está encerrado num tubo no canal de água da turbina. Este tipo de turbina está disponível com pás reguláveis ou fixas, com ou sem mecanismo de palhetas-guia. As suas caraterísticas de desempenho são as mesmas que as das turbinas verticais e tubulares já referidas. O tempo de manutenção devido à acessibilidade pode ser maior para as turbinas verticais do que para as turbinas tubulares. [7]

Nas turbinas tubulares Kaplan, todo o sistema de acionamento e o alternador estão alojados num "tubo" aerodinâmico localizado no fluxo principal. São utilizadas apenas em grandes projectos hidroeléctricos, onde o tubo é facilmente acessível para manutenção, e são geralmente utilizadas apenas em grandes instalações. Uma secção transversal típica é mostrada na Figura 5.

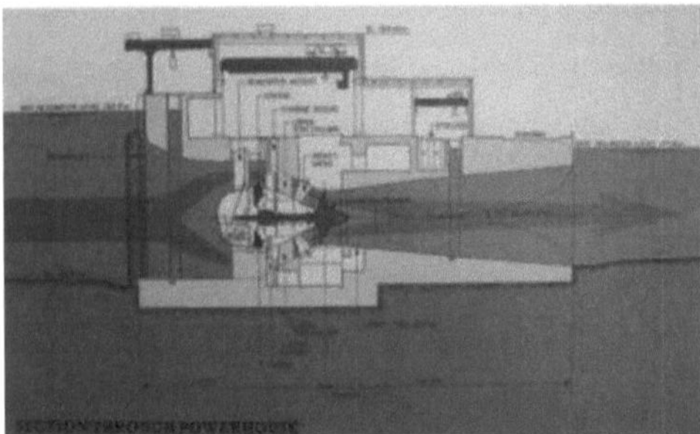

Figura 5 - Secção transversal de uma instalação típica de uma turbina Kaplan tubular

5.1.3 Turbinas tubulares

As turbinas tubulares são instalações horizontais ou inclinadas com rodas de hélice. Os geradores estão situados fora do curso de água. As turbinas tubulares estão disponíveis com hélices de passo fixo ou ajustável e com pás fixas ou ajustáveis. As caraterísticas de desempenho de uma turbina tubular são as mesmas que as descritas para as turbinas de hélice. A eficiência de uma turbina tubular pode ser um ou dois por cento superior à de uma turbina de hélice vertical da mesma dimensão, porque a passagem da água tem menos mudanças de direção. [7]

As turbinas tubulares podem ser ligadas diretamente ao alternador ou através de um multiplicador de velocidade. O multiplicador de velocidade é utilizado para aumentar a velocidade de rotação do alternador, normalmente para 900 ou 1200 rotações por minuto, em vez de fazer funcionar o alternador a uma velocidade relativamente baixa da turbina. A decisão económica baseia-se na escolha de utilizar a velocidade incremental. A eficiência global da instalação diminui 1 ou 2% devido à utilização do multiplicador de velocidade. O custo do multiplicador de velocidade e a perda de eficácia devem ser comparados com o custo da redução da dimensão do gerador.

Os requisitos básicos em termos de caraterísticas estruturais diferem para instalações horizontais e verticais. As turbinas orientadas horizontalmente requerem uma área de implantação maior do que as instaladas verticalmente. Esta superfície selecionada pode ocupar menos espaço no caso de uma instalação inclinada; no entanto, os custos da turbina aumentam porque é necessário um rolamento axial maior. A altura da sala de máquinas e a escavação são menos importantes para instalações horizontais do que para instalações verticais.

5.1.4 Turbina Pelton

As turbinas Pelton são utilizadas em instalações hidroeléctricas com alturas de queda médias a elevadas, de 20 metros a centenas de metros. O caudal de funcionamento relativamente baixo não constitui um problema, uma vez que o terreno necessário para atingir a queda deve ser acidentado ou mesmo montanhoso, e as instalações estão geralmente localizadas muito a montante numa bacia hidrográfica, pelo que a área de captação e, consequentemente, o caudal são baixos.

Em comparação com a potência gerada, as turbinas Pelton são relativamente compactas, os caudais são relativamente baixos e a tubagem associada é relativamente pequena. Isto significa que uma turbina Pelton é geralmente mais fácil de instalar do que uma turbina Kaplan com a mesma potência. No entanto, as turbinas Pelton requerem um abastecimento de água a alta pressão a partir de um tubo de descarga, e o projeto e a instalação do tubo de descarga são geralmente mais exigentes e dispendiosos do que a turbina.

Um diagrama básico de uma turbina Pelton é mostrado na Figura 6 e um rotor na Figura 7.

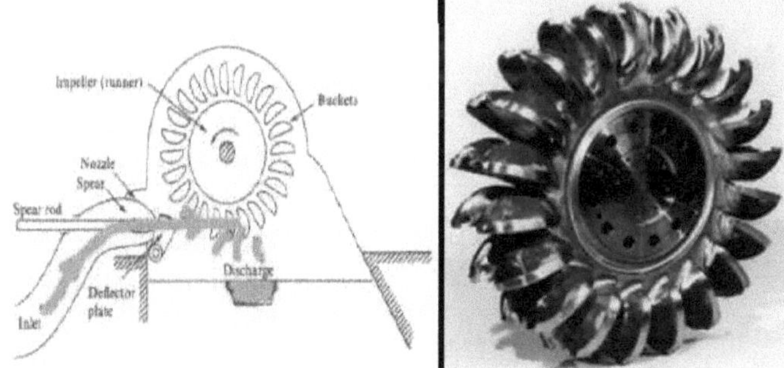

Figure 6 – Main parts of a Pelton turbine   Figure 7 – 'Pelton wheel' rotor.

Na Figura 6, o conduto forçado fornece a água à esquerda. Antes de entrar na turbina, passa pelo bocal ou jato de lança (um jato de lança é um bocal ajustável). A agulheta regula o caudal através da turbina movendo a cabeça da agulheta para trás e para a frente, variando a gama de caudal e, consequentemente, o caudal. A posição do jato de lança é normalmente controlada pelo controlador do sistema em resposta a variações no nível da água (e, por conseguinte, no caudal do fluxo) à entrada. O bocal de um jato de lança está exposto a um fluxo constante de água a alta pressão e pode sofrer erosão ao longo do tempo, particularmente se a água contiver uma concentração de areia abrasiva acima da média. É por isso que é normalmente feito de carboneto de tungsténio, que é incrivelmente duro e resistente à erosão, e mesmo assim foi concebido de forma a poder ser facilmente substituído durante a manutenção. [9]

As turbinas Pelton podem atingir eficiências de até 95%, e mesmo os sistemas de escala "micro" podem atingir eficiências máximas de 90%. Além disso, a eficiência mantém-se elevada mesmo com caudais baixos, principalmente devido ao design de baixa perda do jato de lança. Para Peltons equipados com vários Spear-Jets, é possível trabalhar com eficiências muito elevadas, desde alguns por cento do caudal máximo até ao máximo. Uma curva de eficiência típica para uma turbina Pelton com um ou dois jactos é mostrada na Figura 4; com mais Spear-Jets, a turbina Pelton funcionaria com elevada eficiência numa gama de caudais ainda mais ampla. [9]

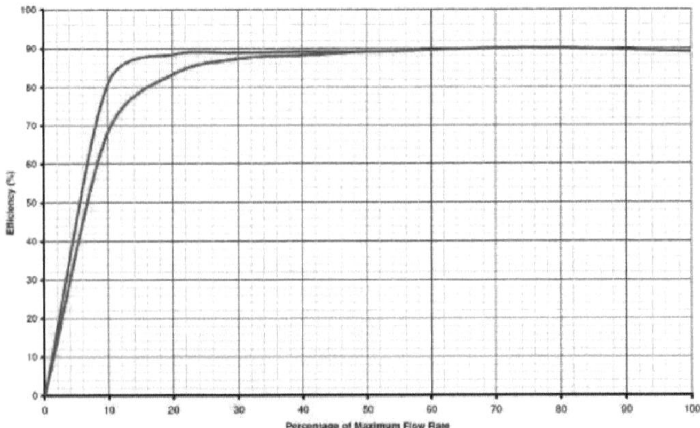

Figura 8 - Curva de eficiência para uma turbina Pelton com um e dois jactos

As turbinas Pelton rodam a velocidades relativamente elevadas, pelo que é frequentemente possível concebê-las de modo a que a velocidade de funcionamento óptima da turbina e do gerador seja a mesma e possam ser diretamente acopladas. Isto tem a vantagem de reduzir o custo do sistema de acionamento, uma vez que existe apenas uma turbina elástica.

O objetivo é reduzir as perdas na transmissão por correia ou na caixa de velocidades, que podem variar entre 2 e 7%.

5.1.4 Turbinas Turgo

As turbinas Turgo foram desenvolvidas por Gilkes em 1919 e são uma evolução da turbina Pelton. Podem lidar com um caudal mais elevado do que uma turbina Pelton de tamanho semelhante e o rotor é ligeiramente mais barato de fabricar. Na maioria dos outros aspectos, elas são muito semelhantes às turbinas Pelton, de modo que as explicações acima se aplicam a ambos os tipos de turbina. As turbinas Turgo, em particular, utilizam bocais de lança idênticos para regular o caudal através da turbina[14].

A principal diferença física é que o jato de água atinge um lado do rotor e sai no lado oposto (ver Figura 10). É de notar que esta turbina Turgo utiliza um jato fixo, em oposição a um jato de lança, pelo que só pode funcionar com um caudal fixo. A figura 8 mostra uma turbina Turgo completamente montada na sua caixa e pode ver-se que o conjunto do jato de dardo direciona a água para o lado direito do rotor.

Figura 9: Rotor da turbina Turgo

Figura 10 - Impacto do jato de água no

5.1.5 Turbinas de fluxo cruzado

As turbinas hidráulicas de fluxo cruzado são concebidas com numerosas pás em forma de calha dispostas radialmente em torno de um impulsor cilíndrico. Estas são cónicas tanto na entrada de água como nas extremidades das pás para garantir que o fluxo de água seja o mais uniforme possível. As turbinas de fluxo cruzado têm apenas dois bocais que projectam a água sobre as pás num ângulo de 45 graus, transformando a força em energia cinética. Um mecanismo de controlo regula o fluxo de água que sai do bocal. Estas turbinas têm a forma de um tambor. Nestas turbinas, a água passa duas vezes através das pás, uma do exterior para o interior e outra do interior para o exterior. As turbinas tangenciais podem geralmente suportar um maior caudal de água do que as turbinas Pelton. São por vezes designadas por turbinas Michell-Banki ou Ossberger. [9]

Uma turbina de fluxo cruzado é melhor descrita como uma turbina de impulso com entrada parcial de ar. As caraterísticas de desempenho desta turbina correspondem às de uma turbina de impulso e consistem numa curva de eficiência plana numa vasta gama de condições de caudal e de altura de descarga. Esta ampla gama é conseguida através da utilização de uma palheta guia na entrada, que direciona o fluxo para uma parte limitada do impulsor de acordo com o fluxo. Este modo de funcionamento é semelhante ao de um impulsor de jato múltiplo.

As turbinas de fluxo cruzado são isentas de cavitação, mas tendem a desgastar-se quando há demasiadas partículas de lodo ou areia na água. Os impulsores são auto-limpantes e a manutenção é geralmente menos complexa do que a de outros tipos de turbinas. É necessário mais espaço do que noutros tipos de turbinas, mas é necessária uma estrutura menos complexa e podem ser feitas economias de custos. [9]

Figura 11: Turbinas de fluxo cruzado

6. Análise quantitativa

7. Para calcular o perfil de uma pá de rotor de turbina que gira a uma velocidade angular constante, utilizamos a seguinte equação (Figura 3):

$$H \cdot \eta_h = \frac{U_1 \cdot V_1 \cdot \cos\alpha_1 - U_2 \cdot V_2 \cdot \cos\alpha_2}{g}$$

em que *H* é a altura de funcionamento da turbina hidráulica (a energia armazenada em 1 kg de água, ou seja, a diferença entre as marcas de nível da água antes de entrar na central e à saída, menos as perdas de resistência em todas as estruturas, mas excluindo as perdas na própria turbina hidráulica), [2]U1 e U2 são as velocidades circunferenciais das pás à entrada e à saída do rotor, vi e v2 são as velocidades absolutas da água à entrada e à saída, ai e a2 são os ângulos entre as direcções das velocidades circunferenciais e as velocidades absolutas nos pontos correspondentes a uma superfície de escoamento de energia média (em graus), e g é a aceleração da gravidade (em m/s).

O fator g , que representa o rendimento hidráulico da turbina hidráulica, é inserido no lado esquerdo da equação. Parte da potência absorvida pelo rotor é gasta a vencer a resistência mecânica; estas perdas são tidas em conta no rendimento mecânico gm das turbinas hidráulicas. A fuga de água no bypass do rotor é tida em conta pelo rendimento volumétrico go das turbinas hidráulicas. O rendimento global da turbina hidráulica, y = g^gm^go, é o rácio entre a potência útil transmitida ao veio da turbina e a potência da água que passa através da turbina hidráulica. Nas instalações modernas, o rendimento global é de o.85-o.92; em condições de funcionamento favoráveis, os melhores modelos atingem o.94-o.95.

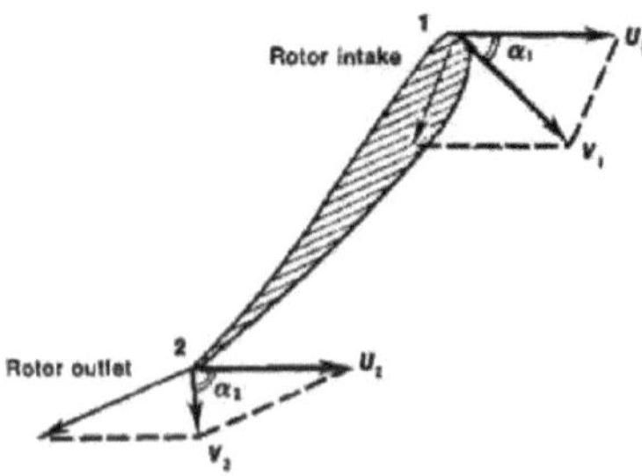

Figura 12: Triângulos de velocidade à entrada e à saída do rotor de uma turbina hidráulica.

As dimensões geométricas de uma turbina hidráulica são caracterizadas pelo diâmetro nominal D1 do rotor. As turbinas hidráulicas de diferentes dimensões constituem uma série de turbinas se tiverem o mesmo tipo de rotor e elementos geometricamente semelhantes na parte rotativa. Uma vez determinados os parâmetros necessários para uma das turbinas hidráulicas de uma dada série, podem ser utilizadas fórmulas de semelhança para calcular os mesmos parâmetros para cada turbina hidráulica da série. Cada série de turbinas é caracterizada por um coeficiente de potência/velocidade de rotação que é numericamente igual à velocidade de rotação do veio da turbina hidráulica para a qual se desenvolve uma potência de 0,7355 quilowatts (kW) ou 1 CV para uma altura manométrica de 1 metro. O custo das turbinas hidráulicas e dos geradores eléctricos diminui à medida que a velocidade de rotação aumenta, pelo que a tendência é construir turbinas hidráulicas com coeficientes de potência/velocidade de rotação tão elevados quanto possível. No entanto, no caso das turbinas hidráulicas a jato, isso é dificultado pelo fenómeno da cavitação, que provoca a vibração da máquina, reduzindo o seu rendimento e danificando a turbina hidráulica.

6.1 Potência produzida na turbina.

A potência disponível da água em queda pode ser calculada a partir do caudal e da densidade da água, da altura de queda e da aceleração da gravidade local.

O principal objetivo da equipa é determinar a potência energética disponível do sistema, o que tem um impacto direto na viabilidade financeira do projeto. A energia potencial da água na barragem de depuração é convertida em energia cinética quando entra no tubo e ganha velocidade. A velocidade da água força a turbina a rodar, gerando energia mecânica que faz girar um eixo que, por sua vez, acciona um gerador e produz eletricidade. Segue-se a equação da potência disponível a partir de um caudal de água: P= ρ g Q H [10]

***A potência mecânica gerada no veio da turbina* é** P= η ρ g Q H

Onde

P é a potência mecânica (em watts) gerada no eixo da turbina.

η é o rendimento hidráulico da turbina

ρ é a densidade da água em (1000 kg/m3).

g é a aceleração da gravidade em (9,81 m/s 2).

Q é o caudal volumétrico através da turbina, em (m 3/s). H é a altura de pressão efectiva da água acima da turbina, em (m).

No caso de uma turbina de impulso do tipo roda Pelton, a potência mecânica pode ser modificada alterando as entradas n , Q e H, uma vez que p e g são constantes.

A potência em quilowatts pode ser determinada pela seguinte equação:

kW = H x Q x 62,4 x 0,746 ^ 550 x e

onde

H = altura de descarga, em pés.

Q = caudal, em pés cúbicos por segundo

62,4 lbs = peso de um pé cúbico de água

0,746 kW = 1 CV/550 libras-pé/segundo = 1 CV

e = eficiência global* (geralmente 0,5 para sistemas de água pequenos)

Combinando e reduzindo todos estes factores, obtém-se a seguinte equação:

kW = H x Q + 24 se for utilizado cfs; ou

W = H x Q + 12, utilizando gpm

6.2 Força exercida pelo jato de água

A força exercida pelo jato de água sobre as pás do impulsor na direção do movimento é indicada da seguinte forma

$$F_x = \rho a V_1 \{V_{w1} - V_{w2}\}$$

[22] p= densidade da água. a= área da secção transversal do jato de água em *m = p/4d* d = diâmetro do jato em m.

V_1 = velocidade do jato à entrada do separador de pás

$$V_1 = \sqrt{2gH} \quad \text{m/s}$$

H – altura líquida que actua sobre a roda Pelton, em m.

g = aceleração da gravidade m/s .^{2}

v_{wi} = velocidade do vórtice de entrada em m/s.

6.3 O trabalho efectuado pelo feixe

O trabalho que o feixe exerce sobre o cursor por segundo é o seguinte :

$$W_j = F_x \times u = \rho a V_1 \{V_{w1} - V_{w2}\} u$$

Aqui

u = velocidade linear tangencial do impulsor no círculo de passo em m/s.

A energia fornecida ao feixe apresenta-se sob a forma de energia cinética, expressa em 1/2 mv^2

A energia cinética (E.C.) do feixe por segundo é agora indicada da seguinte forma:

$$K.E = {}^{1}/_{2}\ \rho a V_1 \times V_1^2$$

Eficiência hidráulica $_{\eta h}$ = trabalho realizado pelo jato por segundo + K.E. do jato por segundo

$$\eta_h = \rho a V_1 \{V_{w1} - V_{w2}\} u \div {}^{1}/_{2}\ \rho a V_1 \times V_1^2$$

For maximum efficiency u is = ${}^{1}/_{2} V_1$

- $Z_1 + \frac{p_1}{\rho g}$ is hydraulic head at spiral case entrance;
- Z_2 is water level in the downstream watershed;
- $\frac{v_1^2 - v_2^2}{2g}$ is kinetic head

1.4 Perímetro da cabeça (H)

A cabeça de pressão da turbina foi determinada utilizando a seguinte equação

Onde p1 é a pressão medida por um sensor de pressão no tubo de entrada da turbina na entrada da voluta. O sensor de pressão e o medidor de caudal foram ligados a um módulo de aquisição de dados, e toda a cadeia de aquisição de dados foi controlada através de um programa Lab VIEW.

$$H_n = Z_1 - Z_2 + a + \frac{p_1}{\rho g} + \frac{v_1^2 - v_2^2}{2g}$$

Cabeça limpa

A altura manométrica da turbina é determinada pela equação (1), em que :

a é a distância entre o sensor de pressão e a entrada da voluta

7. Critérios de seleção

I. **Modelo: trata-se de** um identificador único para cada turbina hidráulica e é geralmente definido por cada fabricante. É aconselhável contactar o fabricante da turbina para verificar qual a turbina adequada para um determinado local.

II. **Tipo de gerador:** trata-se de centrais micro-hidroeléctricas equipadas com um íman permanente, um campo de enrolamento ou um gerador de indução. Os geradores de ímanes permanentes são geralmente mais pequenos e alguns têm distâncias ajustáveis entre os ímanes e os enrolamentos para ajustar a tensão de saída. O tipo de gerador síncrono tem um

Os geradores de indução recebem a sua excitação magnética do estator, quer através de condensadores, quer através da rede.

III. **Potência máxima:** é a potência máxima gerada pela turbina quando o caudal de água e a altura líquida estão no seu máximo. Este parâmetro é utilizado para determinar a quantidade de descarga de carga e o tamanho dos reguladores de carga necessários para proteger as turbinas e os bancos de baterias, resultando num fator de segurança mais elevado.

IV. **Tensão:** os geradores são utilizados para produzir uma tensão alternada com frequências entre 50 e 60 Hz ou para produzir uma tensão instável e não regulada que é convertida em corrente contínua para carregar as baterias. A produção de corrente instável significa que a turbina não produz uma frequência regular de 50 ou 60 Hz e que a tensão alternada produzida pode também variar.

V. **Ligação à rede eléctrica:** Neste caso, tal como nas instalações fotovoltaicas, as pequenas instalações hidroeléctricas utilizam geralmente um inversor ligado à rede. Nas instalações de maior dimensão, o quadro elétrico, o controlador e o gerador são geralmente ligados à instalação.

VI. **Tipo de impulsor:** descreve o tipo de impulsor de turbina que pode ser utilizado para converter a energia hidráulica em força de rotação, e pode ser obtido através da altura disponível e do caudal. Os fabricantes efectuaram numerosos testes para determinar os melhores tipos de roda para diferentes alturas manométricas e caudais. Os tipos mais comuns de turbina são a roda Pelton, a turgor, a cross-flow e a hélice. É aconselhável contactar os fabricantes de turbinas para obter as informações necessárias para a instalação.

VII. **Material do impulsor:** os materiais de liga são altamente resistentes à corrosão e fáceis de moldar e maquinar em diferentes formas, pelo que são geralmente utilizados em centrais hidroeléctricas. Os materiais inoxidáveis são também muito utilizados em grandes sistemas. O aço inoxidável e várias ligas de bronze são também materiais comuns e duradouros. Os plásticos são utilizados para impulsores mais pequenos e menos dispendiosos.

VIII. **Diâmetro do impulsor:** a escolha do diâmetro do impulsor baseia-se na velocidade da água que actua sobre o impulsor e está diretamente relacionada com a altura de transporte disponível. Quanto menor for o diâmetro do impulsor para uma dada velocidade constante do veio, maior será a altura de saída disponível, e quanto maior for o diâmetro do impulsor para uma dada velocidade constante do veio, menor será a altura de saída disponível. Em condições ideais, a velocidade do impulsor é aproximadamente metade da velocidade do jato de água. Em condições práticas, a velocidade do impulsor para pequenas turbinas é geralmente

Esta velocidade é regulada pelo campo eletromagnético do alternador em função da tensão da bateria, ou pela relação das polias em função da frequência de saída dos sistemas de corrente alterna contínua.

IX. **Número de bocais:** o número de bocais depende da gama de caudal de água disponível para a turbina. Para manter a pressão máxima na tubagem da turbina, os bocais são fechados ou abertos, utilizando a gama de caudal de água disponível. Na maioria das turbinas pequenas, a abertura e o fecho dos bocais são controlados manualmente, enquanto que nas turbinas maiores é utilizado o controlo automático. Numa situação em que o caudal de água varia muito ao longo do ano, é muito importante ter vários bocais que ofereçam a opção de utilizar menos ou mais água.

X. **Tamanho do bocal:** este parâmetro está relacionado com a disponibilidade do caudal de água. É geralmente concebido pelo fabricante com base no caudal possível. Em geral, os tamanhos dos bicos são amovíveis e intercambiáveis. Para uma gama de caudal mais baixa, são utilizados bicos de diâmetro mais pequeno, enquanto que para uma gama de caudal mais elevada, são utilizados bicos de diâmetro maior, que têm uma espécie de componente ajustável chamado "bicos de agulha" ou "válvulas de espiga". Para ajustar o tamanho do bocal.

XI. **Área de queda:** trata-se dos tipos de rodas de turbina concebidos para a instalação. As rodas de impacto são concebidas para turbinas com uma queda mais elevada, embora também possam ser utilizadas turbinas Pelton ou Turgo. Para as turbinas de altura média, geralmente entre 20 e 60 pés, são geralmente utilizadas rodas de reação, mas também são utilizadas rodas Francis e rodas de hélice, parcial ou totalmente submersas. Para as turbinas de baixa altura (3 a 20 pés), são também utilizadas rodas de reação com hélice.

XII. **Intervalo de caudal:** é diferente para cada local de projeto. O caudal real utilizado na turbina pode situar-se entre 10% e 50% do caudal do rio.

8. Apresentação dos dados e análise qualitativa

Este relatório examina a central hidroelétrica de Jebba, na Nigéria. Em primeiro lugar, uma das turbinas hidráulicas da central é examinada em profundidade e todas as turbinas de hélice são encontradas. A central eléctrica é constituída por seis (6) turbinas de hélice instaladas perpendicularmente aos geradores. Cada turbina está equipada com uma pá ajustável e três pás fixas.

Após o levantamento das instalações, as seis turbinas hidráulicas foram selecionadas para recolha e avaliação de dados/parâmetros. A fim de melhorar o acesso a um funcionamento fiável e seguro das turbinas hidráulicas, foi dada especial atenção às grandes peças fabricadas por forja, fundição e soldadura, que estão expostas à fadiga, à corrosão e à cavitação. Os parâmetros da turbina de hélice são apresentados de seguida.

Table 1. Parâmetros das turbinas hidráulicas da central eléctrica de Jebba.

Mode	*Types*	*Flow range (gpm)*	*Power rating (W)*	*Runner material*	*Rated water head (m)*	*Flow rate (m^3/s)*	*Nozzle diameter (In)*	*Pipe diameter (cm)*	*Max efficiency (%)*
1st Propeller turbine	*500LH*	*950*	*500*	*Cast iron*	*4.8*	*502*	*8.5*	*8*	*93*
2nd Propeller turbine	*1000LH*	*2100*	*1000*	*Stainless steel*	*4.9*	*750*	*4.5*	*8*	*95*
3rd Propeller turbine	*1000LH*	*2100*	*1000*	*Cast iron*	*4.7*	*502*	*4.9*	*8*	*85*
4th propeller turbine	*200LH*	*500*	*960*	*Bronze*	*4.5*	*500*	*7.5*	*8*	*90*
5th propeller turbine	*500LH*	*1000*	*750*	*Bronze*	*4.5*	*730*	*6.5*	*8*	*95*
6th Propeller turbine	*1000LH*	*2000*	*1200*	*Stainless steel*	*4.5*	*550*	*4.9*	*8*	*96*

A Tabela 1 acima mostra que o trabalho experimental foi realizado na central hidroelétrica de baixa queda para seis turbinas de hélice de *500LH* com os seguintes parâmetros: [3]Velocidade de rotação de 500 rpm, caudal Qi =*502 m* /s e altura manométrica de projeto H = 4,8 m. Durante o estudo experimental, o caudal Q da turbina, a pressão de entrada da turbina p_1, o nível de água a montante e a jusante e a potência de saída P_g foram registados para determinar os parâmetros de funcionamento da unidade para diferentes regimes de funcionamento da central hidroelétrica e para obter a curva caraterística.

9. Resultados e discussão

Alguns dos problemas que causam paragens das turbinas na fábrica são a cavitação, a formação de fissuras e a perda de material devido à lama na água, que actua como uma lixa. A maioria destes problemas foi resolvida através da soldadura de material novo nas áreas danificadas. Devido à sua dureza, é geralmente utilizado um fio de soldadura de aço inoxidável. Outras peças que a equipa verificou para detetar problemas de manutenção incluíram rolamentos, caixas de vedação e mangas de eixo, servomotores, sistemas de arrefecimento de rolamentos e bobinas do gerador, anéis de vedação, ligações da porta Wicket e todas as superfícies.

A equipa examinou as seis turbinas para determinar a sua fiabilidade, uma vez que as turbinas previstas para este projeto funcionarão em grande escala, ou seja, com mais de 100 megawatts, devido à potência energética calculada. Os critérios que pesaram na decisão da equipa foram os seguintes

- Custos - Quanto custará cada opção.
- Eficiência - Determine a eficiência da turbina sob as condições dadas.
- Vida útil - Determinação do tempo de utilização da turbina.
- Manutenção - Trata-se de verificar a quantidade de manutenção necessária para cada tipo.
- Recomendações do fabricante - O fabricante da turbina recomenda o sistema.

Table 2. Tabela ponderada para opções de turbinas

	Impact level (1 = Not recommended, 2 = Acceptable, 3 = Recommended)					
Turbines	*1st*	*2nd*	*3rd*	*4th*	*5th*	*6th*
Cost	*2*	*2*	*2*	*1*	*1*	*1*
Efficiencies	*3*	*1*	*3*	*1*	*1*	*1*
Life Span	*3*	*3*	*3*	*2*	*1*	*1*
Maintenance	*3*	*3*	*2*	*2*	*1*	*2*
Manufacture Recommendation	*3*	*2*	*2*	*1*	*1*	*2*
Totals	*14*	*11*	*12*	*7*	*5*	*7*

O quadro acima mostra que a turbina de hélice 1 tem a vantagem, em relação à turbina 2, de ter um rendimento elevado, de poder gerir caudais variáveis e de poder funcionar com uma altura manométrica mais baixa e com caudais mais elevados. A desvantagem é que a turbina requer um recinto fechado e pressurizado. Isto pode tornar o projeto mais caro se o sistema de tubagem tiver de ser redesenhado.

A turbina 2 tem a vantagem de não necessitar de um sistema de pressão fechado, de necessitar de uma caixa pequena e de poder suportar correntes diferentes. [nd]A principal desvantagem da turbina 2 é o facto de exigir uma diferença de altura considerável entre o início e o fim do sistema, de pelo menos 300 pés. Uma vez que a diferença de altura é de cerca de 50 pés, a cabeça de pressão não é suficiente para este tipo de turbina. Além disso, os bocais deste tipo de turbina requerem mais manutenção.

A turbina 3 tem as mesmas vantagens que a turbina 1. Funciona melhor com caudais elevados e cabeças de pressão baixas, e foi concebida para absorver mais detritos e areia do que as outras turbinas. [rd]A turbina 3 tem válvulas e orifícios ajustáveis que contribuem para uma maior eficiência. Estas peças ajustáveis são também mais fáceis de manter.

As recomendações dos fabricantes dependem do caudal e da altura das instalações. A manutenção depende do número e da conceção das peças, tais como bicos e válvulas de corrediça. A expetativa de vida e o custo das turbinas eram praticamente os mesmos. A equipa escolheu a turbina Francis com base nas recomendações do fabricante e na sua adequação ao local em termos de altura total e caudal de água [11].

Table 3. Potência da turbina e potência correspondente fornecida à estação

Level of reliabilities (%)	*Turbine discharge (m3/s)*	*Energy output (MW)*
50	*1000*	*230*
60	*960*	*221*
75	*920*	*212*
90	*540*	*124*

95	*500*	*115*
99	*200*	*46*

A Tabela 3 apresenta os caudais com diferentes fiabilidade e a potência que pode ser garantida nas centrais hidroeléctricas de Jebba. [3]Os dados apresentados mostram que 1000m /s podem ser captados em 50% do tempo e podem acionar uma unidade de turbina para produzir cerca de 230 MW de eletricidade por dia. [33]Da mesma forma, 540m /s podem ser captados em 90% do tempo e podem acionar uma unidade de turbina para produzir cerca de 120 MW de eletricidade por dia, enquanto 500m /s podem ser captados em 95% do tempo e podem acionar uma unidade de turbina para produzir cerca de 100 MW de eletricidade por dia. Isto significa que quanto maior for a energia a produzir, maior será a quantidade de água a descarregar.

Estas turbinas avaliadas representam os seis principais tipos diferentes de turbinas descritos acima na metodologia de investigação. Tanto as turbinas de impulso como as turbinas de jato requerem uma comporta, que foi assumida como tendo uma queda de pressão de 5%. No caso das turbinas de jato múltiplo, assume-se que têm três ou quatro jactos, o que resulta numa perda de volume e de eficiência. Verificou-se também que a turbina está ligada a um gerador capaz de gerar 40 a 50 Hz quando a velocidade de rotação se situa entre 200 e 3000 rpm. É necessária uma caixa de velocidades adicional para manter a velocidade dentro destes limites quando a velocidade é inferior ou superior a estes limites, pelo que a eficiência da caixa de velocidades é tida em conta.

10. Conclusões

As turbinas hidráulicas são geralmente concebidas para funcionar durante décadas com pouca ou nenhuma manutenção. Para o funcionamento normal das turbinas hidráulicas, os intervalos de revisão devem ser da ordem de vários anos. Os trabalhos de manutenção incluem a inspeção, desmontagem e reparação de peças desgastadas dos impulsores e de outras partes da turbina expostas à água.

A partir dos dados apresentados acima, pode ver-se que a seleção da turbina adequada para uma central hidroelétrica começa geralmente com a determinação da queda e do caudal disponíveis no local, incluindo as variações sazonais do caudal. A escolha da turbina também depende do facto de a central ser independente ou ligada à rede, e de funcionar com ou sem baterias. A maioria dos fabricantes de turbinas fornece a informação necessária sobre os resultados dos testes das suas turbinas para diferentes alturas e caudais e com diferentes turbinas. Esta informação é fornecida sob a forma de diagramas criados e compilados para diferentes tamanhos de bocais e outros parâmetros da turbina, e é utilizada pelo fabricante para recomendar uma turbina específica aos seus clientes.

11. Recomendações

Recomenda-se que os fabricantes de turbinas ajudem no planeamento e na instalação das turbinas hidroeléctricas. O planeamento cuidadoso também deve ir além da escolha da turbina. Cada componente necessário para o sistema deve ser estudado, selecionado e integrado numa unidade para cumprir a sua função. Por exemplo, para que as turbinas hidráulicas funcionem corretamente, devem ser tidos em conta componentes críticos específicos, como a conceção e instalação de válvulas e tubos de ligação e descarga, porque a água que sai de uma turbina é misturada com ar e o seu volume geralmente duplica quando sai da turbina.

O tamanho da turbina determina a quantidade de energia a ser utilizada para um determinado fim. Não há necessidade de produzir energia excessiva que não possa ser utilizada. A hidroeletricidade foi concebida para produzir energia durante muitas décadas sem necessidade de ser desligada. A maioria das
A energia excedente produzida deve ser injectada na rede ou transferida para cargas de bypass equipadas com aquecedores de água ou de ar para proteger o gerador. Por conseguinte, é aconselhável ter em conta os seguintes factores antes de escolher uma turbina hidráulica para uma instalação:

- Certifique-se de que o curso de água é adequado para a central hidroelétrica. Idealmente, deve haver um bom caudal de água durante todo o ano para garantir que o declive é suficientemente acentuado numa curta distância horizontal.
- A fiabilidade do abastecimento de água deve ser garantida. Em comparação com outras formas de produção de eletricidade, as instalações hidroeléctricas são mais capazes de fornecer um fluxo constante de eletricidade, desde que o fluxo de água seja ininterrupto.
- Antes da instalação, é necessário conhecer as disposições legais relativas aos recursos hídricos. Pode ser necessária uma autorização do seu conselho regional antes de utilizar a água para a produção de eletricidade.

- A manutenção dos equipamentos mecânicos, eléctricos e hidráulicos deve ser tida em conta. Isto pode demorar pouco tempo. Por exemplo, os filtros de entrada devem ser mantidos livres de lama e sujidade e os lagos de recolha podem ter de ser desassoreados de dois em dois anos.
- É aconselhável procurar aconselhamento especializado ao planear e instalar um sistema hidráulico.

12. Conclusão

Este trabalho de investigação é um dos projectos-chave para o desenvolvimento de uma central hidroelétrica de baixa queda, independente da rede, em Jebba. A primeira fase do projeto é a seleção de diferentes tipos de turbinas, que constituem o conjunto de condições necessárias para o desenvolvimento da tecnologia de rede. Neste artigo, o método de seleção de diferentes turbinas de baixa pressão foi abordado através de uma análise quantitativa e qualitativa baseada na utilização de diferentes tipos e especificações de turbinas. Este método demonstrou que uma turbina de hélice com um tubo de aspiração é a melhor solução para uma dada altura manométrica baixa e especificação de caudal variável.

Referências

1. Cline, Roger: *Mechanical Overhaul Procedures for Hydroelectric Units (Facilities Instructions, Standards, and Techniques, Volume 2-7)*; United States Department of the Interior Bureau of Reclamation, Denver, Colorado, julho de 1994 (pdf de 800KB).
2. Departamento do Interior dos Estados Unidos Gabinete de Recuperação; Duncan, William (revisto em abril de 1989) : *Turbinenreparatur (Anlagenanweisung, Standards und Techniken, Volume 2-5)* (pdf de 1,5 MB)
3. David O. Olukanni e Adebayo W. Salami (2012): **Avaliação do Impacto do Escoamento do Reservatório das Barragens Hidroeléctricas no Regime de Cheias do Rio a Jusante** - A Experiência da Nigéria. http://cdn.intechopen.com/pdfs-wm/31393.pdf
4. James B. Francis : Parque Histórico Nacional de Lowell
5. Wilson 1995, p. 507 e seguintes; Wikander 2000, p. 377; Donners, Waelkens & Deckers 2002, p. 13 R. Sackett, p. 16
6. www.pall.com/pdfs/Power-Generation/PGHYDEN.pdf
7. http://hydropower.inel.gov/techtransfer/pdfs/feasibility_studies_for_small_ scale_hydropo wer_ergaenzungen-16.pdf
8. **Estudo comparativo sobre pequenas centrais hidroeléctricas (2014).** BULGÁRIA - SÉRVIA PROGRAMA GRÁFICO IPA 2007CB16IPO006 2011-2-229 Recuperação de rios para a utilização de fontes de energia renováveis vitais e amigas do ambiente - riversproject.eu/pdf/Comparative%20study.pdf
9. http://www.renewablesfirst.co.uk/hydro-learning-centre/kaplan-turbines/
10. S.J. Williamson*, B.H. Stark, J.D. Booker: **Seleção de turbinas hidroeléctricas de pico de baixa queda utilizando uma análise multicritério.** Congresso Mundial de Energias Renováveis Suécia 813 maio, 2011 Linkoping, Suécia
11. Jeremy Goodell, Jeffrey Lange, Tom Newville, Forrest Semmler (2012): **gerador de turbina hidráulica da Comissão de Serviços Públicos de Grand Rapids. Relatório técnico final.**

12. *Nomeação da Turbina Barker/Hacienda Buena Vista (1853)*. Sociedade Americana de Engenheiros Mecânicos. Nomeação número 177.
13. Spannhake, K. H. W. *Rabochie kolesa nasosov i turbin*, Parte 1. Moscovo-Leningrado, 1934 (Traduzido do alemão).
14. *Turbinnoe oboroduvanie gidroelektrostantsii*, 2ª edição, editada por A. A. Morozov. Moscovo-Leningrado, 1958.
15. "Tubine d'eau", [em linha]. Disponível em: http://en.wikipedia.org/wiki/Water_turbine. [Acedido em outubro de 2012].
16. R. K. Tyagi(2012**): Turbinas hidráulicas e o efeito de diferentes parâmetros na potência de saída**. Biblioteca de Pesquisa Acadêmica Jornal Europeu de Engenharia Aplicada e Pesquisa Científica , 2012, 1 (4):179-184 .(http://scholarsresearchlibrary.com/archive.html)/

Printed by Books on Demand GmbH, Norderstedt / Germany